再生稻高产栽培与管理

李继福　朱建强　宋美芳　主编

中国农业出版社

图书在版编目（CIP）数据

再生稻高产栽培与管理 / 李继福，朱建强，宋美芳
主编 . —北京：中国农业出版社，2018.4
ISBN 978-7-109-23991-3

Ⅰ. ①再… Ⅱ. ①李… ②朱… ③宋… Ⅲ. ①再生稻
-高产栽培 Ⅳ. ①S511

中国版本图书馆 CIP 数据核字（2018）第 052620 号

中国农业出版社出版
（北京市朝阳区麦子店街 18 号楼）
（邮政编码 100125）
责任编辑 魏兆猛

北京万友印刷有限公司印刷 新华书店北京发行所发行
2018 年 4 月第 1 版 2018 年 4 月北京第 1 次印刷

开本：850mm×1168mm 1/32 印张：4.375
字数：103 千字
定价：18.00 元
（凡本版图书出现印刷、装订错误，请向出版社发行部调换）

主　　编　李继福　朱建强　宋美芳

参编人员　吴启侠　周　鹏　李成芳

　　　　　胡红青　周　勇　邹家龙

　　　　　谢春娇　张　智　周建利

　　　　　张　萌　蔡　晨　张卫建

前　言

　　再生稻是指头季水稻收获后利用稻茬上存活的休眠芽，采取一定的栽培管理措施使之萌发为再生蘗，进而抽穗、开花、结实，再收获一季水稻的种植模式。再生稻具有育、插一次秧，收获两季稻，相比机收中稻和双季稻，具有"七省二增一优"，即省工、省种、省水、省肥、省药、省秧田、省季节、增产、增收和米质优的特点。再生稻加工的食用米，外形细长偏小、色泽洁净鲜亮、腹白较小，具有胶稠度高、直链淀粉和脂肪含量较高、矿质营养元素丰富的特点，做出的米饭清香、洁白、油亮，饭粒结构紧密，软硬适中而略带黏性，口感细腻舒适，深受大众喜爱。机收头季—再生稻比一季中稻增产约50％，每产1吨稻谷减少农药用量20％，肥料利用率提高6％以上。因此，大力发展再生稻不仅利于保障我国粮食安全，还能为国民提供优质大米，符合国家产业政策、契合南方稻作区资源特色、耦合市场消费升级需求，是推动农业供给侧结构性改革的重要举措。

　　适合种植再生稻的地区主要是年日照时数和年积温不够种植两季稻，但是种植一季稻又有余的区域。由于在原有水稻根系上生长，相当于省去了第一季稻收获到第二季稻生长中期的这段时间。统计表明，我国水稻种植面积约 2 亿亩*，其中有 5 000 万亩稻田适合推广再生稻。目前我国许多地区，如湖北、四川、重庆、江西等正在大力推广再生稻生产。

再生稻种植可使水稻生育期长达半年以上，有着"人工湿地"之称的稻田对环境的"吐旧纳新"功能不言而喻；而且再生稻的生产是把头季稻桩作为母体留存，头季稻草可作为再生季的肥料和覆盖物，从而避免秸秆焚烧现象。再生稻收割后到翌年第一季稻种植前，可以种植以冬油菜、紫云英等为主的绿肥，既可消灭"冬闲田"，又能提升土壤有机质含量、改善土壤结构、增强肥力，真正实现土地的"种养结合"。然而，现代水稻种植业要上更高水平，农机和农艺结合是大趋势，再生稻秧苗机插、头季机收和田间管理都是种植产业链中很关键的问题，虽然在再生稻栽培技术方面取得了一定的成绩，但生产效率还不太能满足大规模应用，诸多问题还有待解决。

本书以湖北省再生稻发展为基础并通过实地考察和资料收集，总结了当前我国再生稻发展现状、再生稻高产栽培措施、再生稻水肥管理、再生稻加工与包装、各地区再生稻生产技术及在大数据信息时代如何有效利用

---

* 亩为非法定计量单位，1 亩＝1/15 公顷，下同。——编者注

"互联网十"平台来提升和服务现代农业的经验。同时，本书的编写还得到了"十三五"国家重点研发计划项目（2016YFD0300900；2016YFD0800500）的经费支持和长江大学农学院部分师生在资料收集、归整等方面的协助，在此一并致以真诚的感谢！

由于编者水平有限，加之时间仓促，书中难免存在不妥之处，敬请读者批评指正！

编　者

2017 年 12 月

目　录

第一章 再生稻的发展

再生稻是指头季收获后利用稻茬上存活的休眠芽，采取一定的栽培管理措施使之萌发为再生蘖，进而抽穗、开花、结实，再收获一季水稻的种植模式。农民称之为"抱孙谷""秧孙谷"和"二抽稻"等。再生稻有利于增加产量、促进农民增收、缓解农忙与减轻劳作强度，是实现灾年减灾的有效措施。此外，再生稻稻米品质比头季稻稻米品质优良。我国目前再生稻生产主要分布于四川、重庆、福建、湖北、江西、云南、贵州、广西、湖南等地。全国再生稻的再生季平均产量为 2 250 千克/公顷左右，不同区域之间差异较大，高产地区如福建尤溪再生季产量达到8 805 千克/公顷，头季加再生季总产量为 19 305 千克/公顷。再生稻技术的研究和推广基本上是由基层农业技术推广人员和农民自发开展的。由于这一模式的效益比较突出，能保证在增产的前提下真正增收，因而广受农民欢迎。

第一节 再生稻发展历程

一、国外发展历程

国外最早研究再生稻的国家是日本，1935 年，日本《作物学纪事》研究发表了"关于水稻抱孙谷的产生"一文，阐述了抱孙谷在母茎上发生的节位及穗粒数，观测了抱孙谷的产生与品种、种植密度、栽插深度、移栽期、气候条件、水肥管理等的关系。再生稻除做粮食外，还广泛用作饲料生产。印度在 1943 年也有了再生稻的研究报道，1985 年印度用 Intan 品种作再生稻栽培,头季产量 3.5~5.5 吨/公顷,再生稻产量高的可达 4.0 吨/公顷。由于再生稻单产差距大,在印度还未大面积推广。美国是推广生产最早,也是生产面积最大的国家。目前,美国常年种植再生稻面积 20 万公顷,再生季产量在 1.8 吨/公顷左右,两季总产 7.5 吨/公顷。其他国家如埃塞俄比亚和菲律宾等国,再生稻研究大致开始于 20 世纪 70 年代,再生稻产量 3.0 吨/公顷左右,周年总产量 8.5 吨/公顷左右。

二、国内发展历程

再生稻在我国有着悠久的种植历史,最早可以追溯到 1 700 年前,汉末郭义恭所著《广志》中记载:"稻有茎下白,正月种,五月获,获讫,其茎根复生,九月熟,此其两熟为一本两割"。东晋张湛所著《养生要术》中有记载:"捣已割而复抽,曰稻荪"。明代徐光启所著《农政全书》中有记载:"……其已刈割而根复生,苗再实者,谓之再熟稻,也谓之再撩"。这些记载表明古代稻农已开始利用再生稻,并对再生稻生长规律、生育期和收割方式等方面有着粗浅认知。

20 世纪 30 年代杨开渠对高秆品种水白条和小南黏先后研究了头季稻秧田播种量、移栽苗数、成熟期、留桩高度等与再生稻产量性状指标,为中国近代研究再生稻奠定了基础。80 年代后期单季杂交稻蓄留再生稻兴起。90 年代后期,在全国水稻播种面积大幅减少的情况下,再生稻面积仍较稳定。近年来,随着新品种的应用、栽培技术的完善和再生稻生长发育等特性深入研究,以及劳动力成本上升,再生稻高产栽培技术发展有了新契机,我国再生稻面积稳步上升,全国再生稻面积达到 1 000 万亩。

目前,湖北省再生稻推广面积约为 4.7 万公顷,以江汉平原为主,分布在黄冈、荆州、孝感、咸宁和荆门等地。荆州市种植再生稻的(市、县、区)由 2011 年的 2 个增加到 2013 年的 6

个，种植面积也由 2011 年的 1.0 万公顷增加到 2013 年的 1.8 万公顷。2013 年，专家组对蕲春县赤东镇再生稻高产示范片头季和再生季进行了测产验收，表明采用再生稻栽培技术模式，头季稻平均产量为 9 765 千克/公顷，头季机收和人工收获的再生季平均产量分别达到 5 207 千克/公顷和 6 618 千克/公顷，周年产量接近或达到 15 000 千克/公顷。在生产实践中发现，影响我国再生稻发展的关键制约因素包括：①头季稻机械收割对稻桩碾压破坏面积过大，降低了再生季的产量，需要研制压痕小的再生稻专用收割机。②适合再生稻机械化生产的栽培技术研究薄弱。③适合于机械化生产、高产优质且再生力强的品种不多。④粮食补贴政策不配套。各地针对水稻生产的各类补贴中，再生稻模式只能获得头季惠农补贴，而再生季水稻不享有任何补贴。

第二节　再生稻生态区域

一、再生稻适宜种植区指标

再生稻种植是我国南方稻区一季稻热量有余而种植双季稻热量又不足的地区，或双季稻区只种一季中稻的稻田提高复种指数、增加单位面积产量和经济效益的措施之一。从头季稻收割到再生稻成熟生育期一般 60 天左右。头季稻收割后，需 30 天的日平均气温＞23 ℃，才能保证再生稻安全齐穗，一般年均气温在18 ℃以上、活动积温 4 200～4 800 ℃的地区，水稻安全生长期在180 天以上，头季稻生育期在 130～150 天的情况下，可以选择不同成熟期的品种蓄留再生稻。确定种植地域的依据有两点。

1. 以头季稻播种至再生稻齐穗安全生长历期和活动积温来确定

福建省各地试验，汕优 63 头季播种至再生齐穗历期 180～190 天，活动积温 4 100 ℃左右。按这个指标，查对不同纬度、不同海拔地段历年气象资料中，稳定通过 10 ℃的始日至 21 ℃的终日（为再生稻结实率 70％、安全齐穗保证率 70％的指标），或稳定通过 10 ℃的始日至 23 ℃终日（为再生稻结实率 80％、安全齐穗保证率 80％的指标）的天数和积温。凡是品种所需的安全生长天数、积温和某一地段提供的热量相吻合，则该地段就可以蓄留再生稻。

2. 以头季稻齐穗至再生稻齐穗时段旬平均气温和历时来确定

这个时段旬平均气温≥24 ℃，历时有 70 天左右，或者头季稻收后，杂交水稻≥23 ℃、常规稻≥20 ℃历时有 30 天左右来确定。

在确定种植地域之后，还要选择水利设施好、排灌方便、肥力中等及以上的稻田，统一规划，连片种植，使得两季都高产。

二、再生稻种植区划分

根据再生稻所需温度条件测算，全国能种再生稻的面积在 340 万公顷。根据温、光、降雨等气象指标，可将我国再生稻种植区划分为 5 个气候生态区。

1. 西南再生稻区

包括四川、重庆、云南、贵州等地，现有再生稻面积 40 万公顷，占全国总面积的 80％。

2. 华南再生稻区

包括广东、广西、海南等地，该区域的气候特点是热量丰富、雨量充沛、水稻安全生育期长。

3. 华东南再生稻区

包括福建、江西、浙江、台湾等地，该区气候条件仅次于华南再生稻区。

4. 华中再生稻区

主要包括湖南、湖北、河南三省，湖南省主要分布在洞庭湖低洼积水地带，湖北省再生稻主要在江汉平原地区，河南省再生稻适宜区位于豫南信阳地区。

5. 华东再生稻区

包括安徽和江苏两省的稻作区。

第三节　发展再生稻的现实意义

我国农业生产已经进入转型时期，水稻种植模式创新的总体原则是：在总产不降低甚至增加的前提下，降低劳动力投入和减轻劳动强度，不增加农资投入，稳定地保障水稻生产效益，通过提高复种指数或收获频次来降低甚至消除单季作物追求超高产的压力和风险。再生稻和双季稻双直播就是在上述原则下对水稻生产的种植模式进行的重大创新，对于提高水稻的总产具有非常好的应用前景，其现实意义如下。

（1）发展再生稻能显著增加农民收入

再生稻的生育期短，可充分利用光热资源，提高复种指数，具有省工、省种、省水、省时，且保持品种（组合）遗传特性等优点，是南方稻区种植改革的一种极具发展潜力的模式。在投入相等的情况下，再生稻模式可为农民增加收入 7 534 元/公顷，同时避开 3～5 代稻瘿蚊的危害。江西省宜丰县再生稻、双季稻都采用传统种植方式时，再生稻每亩用工比双季稻省 5～6 日，再生稻与双季稻的经济效益比为 2∶1，双季稻种植改再生稻模式后每亩增收 230 元。湖南屈原农场蓄留再生稻周年产量比一季中稻增产 3.81 吨/公顷，经济产值增加 2 677 元/公顷。

江汉平原是水稻单双混作区，主要推广中稻—再生稻，头季稻单产超过 9.7 吨/公顷，再生季单产超过 5.2 吨/公顷，可获得与早晚双季稻连作相近的稻谷产量，不仅节省晚稻种子、育秧、旋耕、插秧、施肥等成本，且单价提高 0.4 元/千克左右，节本增效达 1.2 万元/公顷。

（2）秸秆还田，培肥地力

近年来，国家积极推广秸秆还田、禁止焚烧秸秆（图 1-1）。

中稻收获后，如果农民不烧秸秆实行还田，会严重影响下茬油菜等秋播作物生产；把秸秆收集起来，劳动成本又太高。发展再生稻就有效解决了中稻秸秆烧与禁、还田与秋播的矛盾，从再生稻收割到翌年 4 月中旬，有充足的时间腐熟而全量还田，培肥地力。

图 1-1　冬季再生稻秸秆腐解（李继福 摄）

（3）发展再生稻有利于实现农化产品投入零增长计划

发展再生稻，虽然稻谷产出和早、晚稻连作差不多，甚至略低，但用肥量却减少了 25%～30%，农药用量减少 35% 左右，既节省化肥农药的支出，又减少了农业面源污染。

（4）增加粮食产量，保障粮食安全

虽然可种植早、晚稻两季水稻，增加粮食产量，但与种植一季中稻相比经济效益增加很少，农民积极性不高。发展再生稻与只种一季中稻相比，可以增加粮食产量 5.2 吨/公顷，有利于提高农民种地积极性，保障国家粮食安全。

（5）充分利用光热和土地资源

如果不发展再生稻，多数农民既不愿意进行早、晚稻连作，也不愿意种植油菜和小麦，而只种一季中稻。发展再生稻，就能充分利用温、光、热、土地资源，提高土地产出和利用率。

（6）提高农机作业率

发展再生稻与种植一季中稻相比，除病虫害机械统防统治外，还可以增加一季机械收割、烘干，提高了农机利用率。

（7）有利于优质稻产业化和品牌创建

因为再生稻选用的是优质稻品种，再生茬生产季节病虫少、温差大、用药少，有利于生产优质大米，创建大米品牌。再生稻的抽穗期一般在九月上中旬以后，有利于光合物质的积累，籽粒灌浆速率快，养分向谷壳中运输少、粒谷壳薄、出米率高，米质有光泽、垩白少、食味佳（图1-2）。

图1-2 再生稻米蒸煮品质（李继福 摄）

（8）再生稻实现灾年减灾措施

蓄留再生稻，可作为灾年减灾的一项栽培技术措施。在南方，每年通常都会因洪水灾害发生导致水稻长时间淹水，洪水退去后茎叶就会萎蔫，而及时割掉水稻地上部老化叶片，可利用水稻的再生能力促进再生芽的萌发生长，从而收获再生季产量。

第二章　再生稻生长发育特性

再生稻头季稻收割到再生季收获一般只有短短 60 天的生长时间，再生季要完成抽穗、扬花、孕穗、熟化等关键时期。因此，了解再生稻生长发育特性有助于后期进行水肥管理，从而获得较高产量和品质。

第一节　再生稻腋芽生长

再生稻能利用的再生芽主要分布在头季稻最高分蘖节至倒二节上。在地表下，尤其是第一节以下的再生芽，由于长期缺少光和氧气等原因到头季稻成熟时已基本死亡。稻株地面节间伸长的节数，早稻品种一般有 4 个，中稻品种一般有 5 个，再生稻可利用的再生芽数，大致同水稻品种地上伸长节间的茎节数一致。不同品种叶芽萌发力和同一品种不同母茎节位叶芽萌发力不同，总趋势是上位芽萌发率高、成活率高。根据再生芽萌发节位的差异，可将再生稻品种分为于上位节、中位节、下位节和全位节 4 种。一般来说，籼稻多属于上位节、中位节或全位节类型，留桩较高才能高产。杂交水稻一般比常规水稻再生力强。

再生季的腋芽萌发始于头季拔节期，在头季稻灌浆期伸长速度慢，至头季稻齐穗后芽长尚不足 1 厘米，在头季灌浆结束后速度加快且越接近成熟期速度越快（图 2 - 1）。再生稻芽一般于头季收割前后破鞘出苗，头季收割后 7 天是再生苗大量发生的时期，至收割后 15 天基本稳定。一般低位芽萌发早、伸长慢，而高位芽萌发迟、伸长快，腋芽萌发次序是由高到低。从头季稻成熟时的芽长来看，一般上部芽较长，上部芽较下部芽具有萌发力强的优势。

图 2-1　头季稻机收后再生稻腋芽生长（李继福 摄）

第二节　再生稻生育特性

一、再生季生育期

再生稻生育期短，从头季稻收割到再生稻成熟只需 60 天左右。因此，再生季生育特性与头季稻差别较大。再生稻与头季稻库源特征比较，头季稻属于增库增产型，而再生稻属于源库互作型。头季稻的叶面积指数为再生的 6～7 倍。再生稻叶片少且叶面积小，叶片间相互遮光少，因此再生稻光合速率较头季稻高。再生稻灌浆期的净光合速率与产量呈显著相关关系，而成熟期净光合速率与产量则呈显著负相关关系。

头季稻残留在茎鞘中的同化物将对再生季产生重要影响，再生芽发生及生长初期主要依靠头季稻茎鞘中残留的同化物。再生季光合产物分配到穗部的较头季稻高，一般在 80% 以上，残留在茎鞘中的比例显著降低。再生稻主要依靠多穗获得高产，因此，再生稻发苗期需保证水肥供应，争取再生蘖早发多发，形成更多有效穗。留桩高度对再生稻生育期有显著影响，在头季稻收割时间一致情况下，越早抽穗成熟，再生季生育期越短。反之，就会延迟抽穗，延长生育期。

二、再生季产量形成

再生稻产量由头季产量和再生季产量两部分组成，协调两季产量才能实现周年高产。头季高产依靠稳定穗数、主攻大穗，再生季则以多穗取胜。所以，再生季有效穗的多寡直接影响再生季产量的高低；再生季产量由不同节位有效穗产量组成，导致不同节位的产量贡献也不同。倒二节和倒三节的产量总贡献率达到90％左右。这种不同品种各节位产量贡献不同的现象也因水稻类型的不同而异，粳稻品种的再生芽产量贡献与籼稻品种有相反的趋势。除此之外，结实率也被认为是影响再生季产量的关键因素，因为日照时间缩短、温度降低等再生季气候条件的限制，易造成再生季灌浆不足，导致再生季减产。

每穗颖花数是水稻产量重要的构成因素。不同穗型水稻，如大穗型和小穗型，每穗颖花数有很大区别。栽培措施中，氮素和播期是影响幼穗分化和颖花分化的主要因素，一方面随着氮素施用量增多，幼穗分化前期减慢，后期加快；另一方面，较高施氮量也会延长幼穗分化时间，使其分化出更多的一次和二次枝梗，进而可以分化出更多的颖花。但是施氮量过高，植株氮素积累过量，导致碳代谢减弱，非结构性碳积累减少，从而导致幼穗分化发育后期没有足够的养分供给，造成颖花退化。播期则是通过影响幼穗分化的速率和分化的持续时间来调节幼穗分化和颖花的发育的进程。此外，温度、光照等气候因子，及干旱、盐碱、淹水等栽培条件限制枝梗和颖花的分化，促使退化数量增多。

三、再生稻米品质形成

稻米品质是稻米本身理化性质的综合反映，主要包括外观品质、加工品质、营养品质、储藏品质和蒸煮品质等，即用精米率、糖米率、整精米率、垩白度、垩白粒率、粒形、透明度、胶稠度、直链淀粉、糊化温度和蛋白质含量等指标来评价。优质稻米主要指米粒外观透明度好、整精米率高、垩白少、直链淀粉含量中等以及口感优良等。

稻米品质形成受多种因素影响，如品种、栽培措施、气候条件等。水稻品种本身的遗传特性是影响稻米品质的首要因素，不同水稻品种的直链淀粉含量和蛋白质含量不同，直链淀粉含量受遗传控制较大、受环境影响较小，而蛋白质含量受遗传因素控制较弱、受环境影响较大。肥料因素是栽培措施的重要因素，适量的氮肥施用量可以改善稻米的外观品质、营养品质和加工品质。一定范围内施氮量越大，蛋白质含量、整精米率越高，垩白度、垩白粒率、直链淀粉含量越低，且不同的施氮方式也会导致品质的改变。蒸煮品质中的直链淀粉含量随施肥量的增加而减少，但不受施肥时间的影响。其次，还有土壤、水分管理、稻谷收获期等栽培因素也会影响稻米品质。气候因子对稻米品质的影响以温度影响最为显著，结实期温度对稻米品质影响明显，结实期高温使得粒长宽变小，垩白粒率和垩白度变大，糙米率、精米率、整精米率显著下降，蛋白质含量升高，且结实期高温对稻米品质的影响最大。有研究认为，灌浆期间温度过高，籽粒的灌浆速率变快，是造成精米率下降、垩白度增加的主要原因。

由于再生稻抽穗灌浆时昼夜温差大，有利于光合物质的积累，稻米品质表现较优，所以稻米品质的形成更多是基因与环境条件互作的结果。

第三节　再生稻的生态环境

再生稻休眠芽的萌发生长和籽粒充实需要有适宜的生态环境条件。再生稻头季从播种至齐穗的天数依地区、品种和播种期不同而相差较大，但其后三个阶段的生育天数却相对稳定。头季和再生季的齐穗—开花期是低温敏感期，因而蓄留再生稻的起码气候条件是具备安全齐穗温度的持续时间 60 天，即抽穗期间的平均气温≥24 ℃的时间达到 60 天，在此期间一般也不会出现连续 3 天以上的低温胁迫（日均气温＜21 ℃），利于再生季高产稳产。

再生稻休眠芽萌发的最适温度为 25～28 ℃，相对湿度为 83％～87％，且二者必须同时适宜，还需要较强的光照强度和较多的日照时数，以提高稻株的光合作用，增加干物质积累，才有利于休眠芽快发、多发，高温低湿或低温高湿或土壤水分不足均不利休眠芽伸长萌发。当土壤平均含水量为 34.3％时，稻株冠层和 2/3 高处的日均温度与空气相对湿度呈极显著负相关关系，头季成熟期提早，再生稻成苗率、成穗率和活芽利用率低。当稻桩含水量超过 70％时，含水量的增加与休眠芽的萌发、伸长呈负相关关系。因此，影响再生稻生长发育和产量形成的主要生态因素是头季稻收割前后气温、空气相对湿度和土壤水分，以及再生稻抽穗开花结实期的日平均气温、海拔高度、年平均气温和生长期积温。

第四节 再生稻形态生理特性

一、再生稻叶片形态生理特性

相比头季稻，再生稻叶片数目少、叶面积指数小，最大不超过 4.0（图 2-2）。这主要是由于再生稻叶片的分化发生在头季收获前，并在头季收割后开始迅速生长，前期的营养生长期短，大约有 15 天进入生殖生长期，即叶面积达到最大。同时再生稻本身新生的根系少，主要依靠头季稻留下的衰老根系来维持和吸收土壤中的水分和营养物质，因而叶面积一般仅为头季稻的 20％～40％。这与头季稻的生长状况、稻柱的营养物质、叶片的生长部位及气候条件有关。

头季稻收获后再生芽的萌发主
要来自于头季稻稻桩中的营养物质，
而后期再生芽的生长主要靠再生季
新生叶片通过光合作用转化、运输
和积累。因此，再生季产量来源于
头季收割后稻桩中的营养物质和新
生叶片光合作用积累的营养物质。
在今后的再生稻生产实践中，尽可
能提高再生季新生叶片的群体叶面
积是提高再生稻产量的一个方面。

二、再生稻茎形态生理特性

再生稻的茎秆较头季稻明显矮
小、细弱，节少，节间伸长短，整体
高度约为头季稻的一半（图 2-2）。
对于再生稻的中、高节位茎主要由
两部分组成：一是头季稻桩上的母
茎部分；二是再生腋芽萌发生长形
成的新茎。而低节位茎是由再生腋
芽形成的新的茎组成。一般来说，

图 2-2 再生季再生叶和
茎秆（宋美芳 摄）

低节位的再生茎要较中、高节位的再生茎高、粗。因此，在再生
稻生产实践中应尽量选育再生节位较低的品种，有利于再生稻的
高产。

三、再生稻根系形态生理特性

再生稻根系主要有两部分组成：头季根系和再生根系。头季
根系指头季收割后稻桩上残留的根系；再生根系指由母茎茎节上
的休眠根源基萌发生长形成的新根系。通常，头季根系占主要组
成部分，对再生稻的整个生长发育起主要作用，而再生根系数量

较少，只占总根系的 11%～19%，仅仅起辅助作用。再生稻新生根系发根数的多少与节位有关，节位越高，发根数越少，倒二节一般不发根，而以基节发根数最多。

从再生稻根系发生的时空划分来看，主要分为四部分：①头季稻分蘖期发生的下层根；②头季稻拔节期至抽穗期发生并形成的上层根；③再生季母茎茎节上的休眠根源基萌发生长形成的新的根系；④再生腋芽发生的根层。其中③和④统称为再生根。再生根较头季稻残留的根系，幼嫩、粗短。头季稻齐穗后 15 天左右施用促芽肥对根系活力有促进作用，均有利于头季和再生季产量的提高。此外，再生季产量与头季成熟期及收割之后的根系活力有密切的相关性。因此，选用根系发达、活性强而持续时间长的品种，是确保再生稻双季稳产、高产的基础。

第五节　影响水稻再生力的头季稻因素

一、头季稻农艺性状对再生力的影响

再生力与头季稻农艺性状存在一定的关系。如产量构成因子中的单位面积有效穗数以及颖花数呈负相关关系；而结实率与再生力呈显著正相关关系，结实率的高低反应头季稻生育后期源、库、流三者的协调关系。另外，头季稻粒叶比与再生季再生力呈显著负相关关系。头季稻粒叶比小，单位颖花绿叶面积占有量大，可减少先期藏在母茎鞘中光合产物向穗部的运输，使得头季成熟时稻桩中能够储存较多的营养物质，有利于再生芽的萌发和生长。头季成熟时母茎收割高度的不同导致再生力有差异，同时也影响再生季的生育期。留桩高度高，可在一定程度上提高产量，缩短生育期。

二、头季稻储藏营养物质对再生力的影响

头季稻生育后期的营养状况对再生稻有一定的影响。头季稻

生育后期的光合产物不仅是头季稻产量形成的直接来源，也是促进再生芽萌发生长的重要物质基础。因此，在头季稻生育后期，要尽量延缓水稻叶片和根系的衰老，延长功能期，不仅可提高头季稻产量，对头季稻收割后再生芽的萌发也有一定的影响。头季稻生育后叶片光合作用的产物主要用于头季稻籽粒的灌浆，剩下的贮存到茎鞘中，可用于再生季再生腋芽的萌发生长。

头季稻收割后残留稻桩主要含有糖类、碳水化合物、含氮物和淀粉。另外，也可改善头季稻生育后期的营养物质即单茎鞘干物质重来提高再生力，从而提高再生季产量。

第三章　再生稻高产栽培措施

再生稻即种一茬收两回，是利用头季中稻茎秆上的腋芽，在充足的外部条件下，在不需耕田栽秧、增加劳动力的情况下，靠稻桩萌发的再生腋芽成穗收获一季庄稼的耕作方式。水稻栽培措施，如播种期、品种、水肥管理、病虫害防治等只有做到统筹、统防才能获得产量高、品质好的再生稻谷。

第一节　头季稻播种期选择

再生稻播种的早晚，是再生稻季是否能安全齐穗的关键。以丰优 272 品种作再生稻栽培，播期最好掌握在 4 月 10 日前。随着播期的推迟，头季稻生育期缩短，再生稻生育期延长，头季＋再生稻全生育期逐渐缩短。播期迟对头季稻产量的影响主要是导致单位面积有效穗数降低。因此，头季稻播种期推迟应适当增加移栽密度。播期推迟造成再生稻产量降低的主要原因是后期低温导致再生稻结实率降低。因此，在生产过程中，再生稻要及时喷施叶面肥，提高叶片光合能力，降低秋季低温降雨对再生稻的不利影响。

以培两优 500 和汕优 63 为材料，研究播种期对再生稻生育期、腋芽萌发和产量的影响，结果显示，3 月 31 日播种的腋芽萌发最好，产量最高；4 月 11 日播种不同品种中稻蓄留再生稻产量形成的再生芽较差，但能正常成熟；4 月 19 日播种的腋芽萌发差且不能安全齐穗。优航 2 号试验结果显示，3 月下旬和 4 月上旬播种的处理在头季稻和再生稻的库源关系、生物量积累量及产量上均显著高于较晚播种的处理。利用春季相对低的温度来延长本田营养生长期，可将主季产量形成关键时期、再生季生长期调节到合适的时间上。同时应注意不同品种的生育期及不同地域气候特点的差异，南方（如福建）温光资源较北方充足，可以选择生育期较长的品种，而较北地区（如湖北和安徽），则要选择较短生育期品种并且提早播种。

第二节　头季稻收获留桩高度

头季稻采用机械收获，其留桩高度一般为15～40厘米，留桩高度越高再生季抽穗成熟越早，反之就会延长生育期，推迟成熟。相关经验表明，留桩高度最高的40厘米处理与最低的15厘米处理相比，齐穗期提前13天，成熟期提前14天。头季稻留桩高度35厘米产量最高，30～40厘米范围内产量无显著差异。留高桩增产的主要原因是充分利用倒二、倒三节位萌芽成穗，有效穗数增加，留高桩不仅能促进再生稻高产，而且对头季稻迟播迟割的田，保障再生季安全齐穗具有重要意义。因此，根据水稻联合收割机型号，选择再生季栽培的头季稻留桩高度在30～40厘米为好（图3-1）。

图3-1　头季稻收获留桩高度
（李继福 摄）

第三节　再生稻品种选择

我国再生稻主要在南方的湖北、湖南、江西、四川、重庆、浙江等地种植，根据各区域品种筛选和资料整理，适合在各地种植的主要再生稻品种见表 3-1。

表 3-1　再生稻种植省份主推品种

稻区	省份	主要再生稻品种
华中再生稻区	湖北	丰两优香 1 号、两优 6326、新两优 223、天两优 616、准两优 527、深两优 5814、广两优 476、渝香 203、德香 4103、新两优 6 号、天优华占、Y 两优 1 号、甬优 4949、黄华占等
	湖南	Y 两优 9918、天龙 1 号、准两优 608、准两优 109、农香 98、甬优 4149、黄华占等
	河南	两优 6326、皖稻 199、岳优 9113、丰源优 359、两优 302、天龙 3301、富两优 1 号、郑稻 18 等
华东再生稻区	安徽	丰两优香 1 号、内香 8518、冈优 169、内 5 优 306、红优 527、冈优 2009、川农优华占、川谷优 399 等
	江苏	丰两优香 1 号、培两优 288、Y 两优 9918 等
华东南再生稻区	福建	宜优 99、两优航 2 号、宜优 673、Ⅱ优 1273、两优 2186、天优 3301、泰丰优 3301 等
	江西	丰两优香 1 号、准两优 608、天优华占、宜优 673、Y 两优 2010、Y 两优 3218、Y 两优 143、Y 两优 1 号、两优 87 等
	浙江	两优 3905、丰香优 1 号、丰两优香 1 号、准两优 527、丰源优 272、准两优 608、广两优 1128、内 5 优 8015、隆两优 534 等

（续）

稻区	省份	主要再生稻品种
西南再生稻区	四川	C 两优华占、Q 优 5 号、Ⅱ 优 498、Y 两优 1 号、金优 527、川优 3203、冈优 725 等
	重庆	宜香优 1108、深两优 5814、内 5 优 39、宜香优 2115、T 优 6135、准两优 527、川优 8377、德优 4727、川优 6203、深优 816 等
	云南	京福Ⅰ优明 86、两优 2161、云光 16、云光 17、Ⅱ 两优 1 号、Ⅱ 优明 86、宜优 673 等
	贵州	泸优 1256、冈优 364、宜香 99E-4、两优 302、天优 112 等
华南再生稻区	广西	Y 两优 1 号、Y 两优 8 号、Y 两优 900 号等
	广东	闽丰优 3301、中浙优 8 号、中浙优 1 号、深两优 5814、Ⅱ 优航 148、Ⅱ 优沈 98、盐籼 203 等
	海南	深两优 5814、两优 336、优 332、优 627、Y 两优 1 号等

　　从产量、生育期、抗性 3 个方面综合考虑，表现较好的再生稻品种有内 5 优 8015、准两优 527、隆两优 534、天优 3301、丰香优 1 号 5 个，农户可根据需要选择不同类型的品种。一般种植水平、面积不大的农户可选准两优 527 与内 5 优 8015；种植水平较高、面积较大的农户可以搭配部分隆两优 534、天优 3301、丰香优 1 号或 Y 两优 9918。隆两优 534 与丰香优 1 号，高产潜力大，但要做好早播早栽工作。

　　准两优 608 是个高产、生育期合适的品种，但种植多年后对稻瘟病的抗性较差。种植该品种最主要的是要防治好稻瘟病。

　　丰香优 1 号产量潜力很大，但要防治好稻瘟病，并采取技术措施增强抗倒能力。

天优 3301 生育期适中，头季产量最高，有一定的再生能力，可以作为较迟的一批以收头季为主的再生稻播种，但要做好防倒伏工作。

Y 两优 9918 产量高，缺陷是生育期偏长，抗稻瘟病能力一般，种田技术水平高的农户可以选择该品种作为部分搭配，但要防治好稻瘟病，采取技术措施增强抗倒能力。

内 5 优 8015 产量高、再生性能好，是较理想的品种，但要采取措施防止倒伏。

隆两优 534 产量高、抗性强，缺点是生育期偏长，要做好早播早栽工作，以期两季丰产。

准两优 527 比较理想，表现出两季产量都较高，生育期较短，需肥量较低，是个比较好种的品种，但要做好防稻瘟病与防倒伏工作。

两优 3905、广两优 1128、川优 6203、隆两优、华占等几个品种因产量低、生育期偏长等原因不适宜作为高产再生稻品种。

第四节　种植密度

机械插秧大田必须根据田块性质提前做好整平工作，做到田等秧，不可秧等田。大田一定要整平，做到高不露墩、低不淹苗（图 3-2、图 3-3）。秧苗以 2～3 片叶子为好，密度掌握在 30 厘米×16 厘米或 30 厘米×18 厘米。按 30 厘米×18 厘米的，每公顷插 18.6 万穴，按 10% 的缺孔率，每公顷实际插 16.8 万穴，每穴 2～3 苗，每公顷落田苗数 30 万～45 万。旱育秧或半旱育秧的插秧密度为 30 厘米×20 厘米，双本插，每公顷落田苗 45 万～60 万。在插秧的时候每隔 5～6 米留 1 条操作行，有利于施肥、防病虫等田间作业，特别是在施再生季促芽肥时更有利于田间作业。

图3-2　软盘直播育秧　　　　图3-3　头季稻机械插秧
（邹家龙　摄）　　　　　　　（邹家龙　摄）

第五节　合理施肥

根据头季稻—再生稻施肥现状调查和相关田间试验，合理施肥能够增加作物产量，提高稻谷品质。头季稻使用纯氮用量为255千克/公顷，前期与后期用量比为7∶3，N、P_2O_5、K_2O用量比为1.0∶0.5∶0.8，磷肥全部作基肥用，钾肥前期与后期用量比例为0.55∶0.45。具体施肥方法：耙面肥每公顷施复合肥（15-15-15）450千克、磷酸铵150千克，机插后7天左右每公顷施尿素187.5千克、氯化钾75千克作分蘖肥，播种后65～70天（6月5日左右，进入幼穗分化期）每公顷施尿素112.5千克、氯化钾150千克，6月20日左右看田间长势补施尿素45～75千克/公顷。再生季肥料为头季收割前7～10天每公顷施用尿素300千克、氯化钾100千克促芽肥，割后3～4天及时施尿素75～150千克作发苗肥。合理施肥详见第四章内容。

第六节　科学管水

头季稻浅水促分蘖，每公顷苗数为195万左右晒田，湿润孕穗，水层扬花，干湿交替灌浆成熟。最好开好腰沟和围沟，一方面增强晒田效果，促进根系发达，提高产量；另一方面避免头季稻收割时土壤含水量高，减轻收割机对稻桩的机械压损。收割后及时灌水促再生季早发快发，特别是头季稻成熟前以及再生稻生长季节，要做好抗旱保湿工作，不能让田干旱到发白甚至开裂，以免影响到再生稻发苗以及幼穗分化。

头季稻根系对再生稻的生长发育起着主导作用，再生稻新生根只起辅助作用，获得再生稻高产的前提是健壮的头季稻根系和一定数量的再生稻新根的结合。头季稻齐穗后间歇灌溉或浅灌结合晒田、保持后期根系活力是再生稻高产的重要条件。排灌水良好、通透性好的稻田，再生稻发苗多。垄畦栽是改善稻田土壤环境的有效措施，做到畦面平、沟相通，要水能灌，要排能干。对于冷浸湿烂稻田，头季稻于分蘖高峰期和齐穗后两次晒田，稻田实行干湿交替灌溉，可增加土壤的通透性，起到养根、护叶、壮芽、促进休眠芽伸长萌发。因此，为保证休眠芽的成活与萌发，头季稻成熟前和收割后的水分管理应采用浅水间隙或湿润灌溉。水分管理详见第四章内容。

第七节　根外追肥

根外追肥又称叶面施肥，是将水溶性肥料或生物性物质的低浓度溶液喷洒在生长中的作物叶片上的一种施肥方法。可溶性物质通过叶片角质膜经外质连丝到达表皮细胞原生质膜而进入植物内，用以补充作物生育期中对某些营养元素的特殊需要或调节作物的生长发育。

根外追肥的特点是：①作物生长后期，当根系从土壤中吸收养分的能力减弱时或难以进行土壤追肥时，根外追肥能及时补充植物养分；②根外追肥能避免肥料土施后土壤对某些养分（如某些微量元素）所产生的不良影响，及时矫正作物缺素症；③在作物生育盛期，当体内代谢过程增强时，根外追肥能提高作物的总体机能。

根外追肥可以与病虫害防治或化学除草相结合，药、肥混用，但混合不致产生沉淀时才可混用，否则会影响肥效或药效。施用效果取决于多种环境因素，特别是气候、风速和溶液持留在叶面的时间。因此，根外追肥应在天气晴朗、无风的下午或傍晚进行（图3-4）。

图3-4　叶面施肥（宋美芳 摄）

第八节　病虫害防治

再生稻病虫害防治重点是抓好头季稻纹枯病和稻飞虱的防治，以确保茎秆粗壮、茎秆休眠芽能正常萌发成苗，防治不好易造成稻株倒伏、茎秆霉烂从而严重影响再生季产量。再生季以绿色生产为主，基本不使用化学药剂，以提高再生稻米品质和经济效益。因此，根据实际生产经验，在防治策略上，以头季稻防控为主，在"综"字上下功夫，抓好以下几点。

1. 物理防治

（1）灯光诱杀

在头季稻孕穗期至再生稻成熟期利用害虫的趋光性，用黑光灯、太阳能灯进行诱杀。目前市面上加多牌频振式杀虫灯，每公顷挂一盏，可诱杀螟蛾、飞虱和叶蝉等。

（2）机械捕杀

利用捕杀稻苞虫用的拍板和稻梳捕杀稻苞虫。在中华稻蝗成虫期，于清晨露水大不易飞时，人工捕杀成虫。

2. 生物防治

（1）稻田养鸭

头季稻分蘖期（插秧后 15 天）至齐穗期、再生季抽穗至齐穗期可用稻田放鸭防治虫害。蛋鸭可捕食稻田中三化螟、二化螟、稻纵卷叶螟的螟蛾，稻飞虱类的褐飞虱、白背飞虱、灰飞虱与叶蝉类的白翅叶蝉、黑尾叶蝉等 10 多种害虫。在无外地迁飞虫害的情况下，每 200 只蛋鸭群可有效控制 6～10 公顷的稻田害虫，使水稻不施农药和少施农药，而且能有效持久地对稻田害虫种群起到控制作用。稻田养鸭可根据稻田虫害"两查两定"的结果，掌握在稻飞虱、叶蝉若虫盛发期养鸭防治；螟虫稻纵卷叶螟在成虫始发期至盛发期间养鸭防治，可取得较好的效果。

（2）绿色生物农药

利用植物或者农副产品制成生物农药进行水稻害虫防治，可以用以下材料。

① 马尾松。用松针 5 千克对 100 ℃开水 5 千克，密封浸泡 2 小时滤喷洒，可防治稻飞虱、稻叶蝉。

② 苦楝树。取苦楝树叶 5 千克对水 15 千克，浸 6～10 小时去渣制成原液，用时加水 8 倍喷洒，可防治螨虫、稻包虫、稻飞虱叶蝉。

③ 烟茎秆。用烟茎秆 4 千克，捣碎对水 40 千克，浸泡一昼夜滤去渣，使用前再用 20 千克水溶解生石灰 0.5 千克，成石灰

乳，过滤后倒入烟碱液中，立即喷洒可防治稻飞虱。

④ 茶籽饼。防治稻飞虱、稻叶蝉，每亩用茶籽饼 20 千克，烘热后捣碎成粉状，在晴天中午水晒热时均匀撒入田中，施药时堵住进、排水口，以防药剂流失。

（3）微生物和抗生素制剂

① 杀螟杆菌。每亩用杀螟杆菌 DP（含活芽孢 100 亿个以上/克）500 克对水 5 千克进行喷雾，防治稻纵卷叶螟。在幼虫 2 龄前对水 60～75 升，再加入 0.1% 的洗衣粉喷洒防治效果好。

② 昆虫病毒。利用棉铃虫核型多角体病毒 SCCPIB 含量 50 亿/毫升，防治稻纵卷叶螟。每亩用药量 50～60 毫升，对水 60～75 升均匀喷洒，每代害虫喷药 2 次，2 次间隔期 5 天，在傍晚阳光较弱或阴天均匀喷雾，防治效果达 90% 以上。

③ 加收米（又称春日霉素）。防治水稻苗瘟、叶瘟。在发病初期，每亩用 2% 加收米 AS 150～200 毫升对水 75～100 升均匀喷雾，防治水稻穗颈瘟，在破口期和齐穗期各喷一次药，喷洒药液量与防治苗瘟病一样。

④ 井冈霉素。防治水稻纹枯病，在水稻拔节期和发病初期每亩用 5% 井冈霉素 AS 200～250 毫升对水 100 升均匀喷雾，施药后应保持稻田水深 3～5 厘米保水 3 天。

⑤ 农抗 120。防治水稻纹枯病，每亩用药量 250～300 毫升对水 100 升均匀喷雾，在拔节期和孕穗期各喷 1 次效果好。

3. 化学防治

通过物理和生物防治，再生稻田一般不需要化学防治，但是 6 月中下旬，大风暴雨较多，有利外地稻飞虱的迁入。如成虫数量较多，每亩可用 10% 吡虫啉 WP 20～30 克加 80% 敌敌畏 EL 250 毫升，对水 75～100 升喷雾或拌 25 千克细沙撒施，施药时田中间要保持 3～5 厘米的水层。也可用 20% 的三唑磷 EC 150～200 毫升对水 50～75 升，可兼治稻纵卷叶螟、飞虱、螨虫等害虫。

一般按照时间序列，5 月中旬防治 1 次以第一代二化螟为主的病虫害；6月中下旬防治一次以卷叶螟为主的病虫害，兼治纹枯病和稻飞虱；7月10日左右头季稻破口期综合防治一次；7月底防治一次稻飞虱、纹枯病、稻纵卷叶螟等病虫；头季稻收割以后防治一次稻飞虱、蚜虫等虫害，9月看情况防治螟虫。

第九节　植物生长调节剂

合理应用激素复合肥能提高水稻有效穗粒数和千粒重，是一项低耗高效农业增产技术措施。对再生稻施用赤霉素能打破再生芽的休眠、促进再生芽的萌发生长、提高发苗数和有效穗、增加促进类激素（生长素和细胞分裂素）的含量、降低抑制类激素（脱落酸）的含量、明显减缓叶片衰老、提高根系活力、提高干物质生产、改善干物质分配。当前，应用最为广泛的植物激素为细胞分裂素、多效唑和芸薹素内酯。

1. 细胞分裂素

细胞分裂素是最有效的延缓衰老的植物生长调节剂。头季齐穗期喷施细胞分裂素可增加头季稻叶片叶绿素的含量，延长叶片功能期，并促进再生芽萌发、提高活芽率、增加根系活力、提高弱势籽粒的结实率。细胞分裂素的喷施使得细胞内生长素与细胞分裂素的比例发生变化，提高了细胞分裂素的浓度，促进分蘖芽的生长。除了应用于水稻外，在调节小麦幼苗生长、延长蔬菜的贮藏时间、防止果树生理落果等方面也有广泛应用。

2. 多效唑

多效唑能削弱秧苗顶端生长优势，促进侧芽（分蘖）发生和根系的生长。一般杂交稻栽培条件下，叶面施用多效唑，可增加分蘖率50%。

3. 芸薹素内酯

芸薹素内酯是一种具有广谱性、高效生物活性的甾醇类植物激素，可改变叶片大小、叶夹角和叶片内部结构。芸薹素内酯处理水稻不仅可以使根系发育好，叶色深绿，发病率低，并且穗粒数、千粒重分别增加 6 粒和 1.2 克，空瘪率降低 9%，增产 0.3%。在水稻 1.5 叶期和抽穗期喷施云大-120，能促进水稻生长发育，提高叶绿素含量，增强光合作用，对水稻胡麻斑病、稻瘟病有一定的减轻作用。

第十节　头季稻收获时间

头季收获时间对于头季稻的产量、再生芽的生长非常重要，过早收割会影响头季产量，而迟收可能会使再生季遭遇低温而不能安全齐穗。最合适的收获时间应该在茎秆仍然有绿色、籽粒 90% 变黄，休眠芽刚破鞘时或者当稻株上的休眠芽从头季稻叶鞘伸出 1 厘米后（图 3-5），这样不但可以保证头季产量，而且可以缓解高温伏旱对发苗的影响，实现再生稻多穗高产。从安全齐穗方面考虑，头季收割时间应根据从头季收割稻到再生季齐穗所需日数考虑，而且不同地域不同品种的生育期可能有差异。

图 3-5　头季稻收获时间的选择（宋美芳 摄）

第四章 再生稻养分管理

再生稻养分利用分为头季养分的利用和再生季养分的利用。头季养分来源于头季稻根系吸收、自身光合作用合成，而再生季稻的养分来源除以上两种途径外，还有一部分来自头季稻收割后稻桩残留养分的转移。再生芽积累的干物质 35%～40% 来自母体稻转运，60%～65% 来自本身光合生产。头季稻后期茎秆碳水化合物主要来源于灌浆后多余能量的存储和叶片的光合作用，它是再生稻赖以生长发育的物质及能量来源，是再生季再生芽萌发生长的关键。杂交稻品种相对于常规稻品种头季生长后期可以保持较高的光合作用，从而使其再生季有较高的再生力。杂交中稻品种再生力取决于头季的源库比，即头季稻单位颖花的绿叶面积占有量越高的品种，其光合产物满足头季稻高产所需养分后剩余量越多，可以为再生稻高产提供重要物质基础。所以养分的供应是再生季高产的关键因素。

氮肥在再生稻中的研究已有较大的进展，包括头季稻施肥量、施肥方式，促芽肥施用时期、施用量，提苗肥施用时期、施用量等。促芽肥被认为是再生季产量高低的关键，不同种类的促芽肥、不同时期施用、不同施用量等对再生稻腋芽萌发、氮素的吸收和分配、干物质积累和转运以及最终产量都有一定的影响。

第一节 氮肥管理

氮肥对再生稻休眠芽的萌发有促进作用，供再生稻生长发育所需的氮素有 2/3 来源于根系对土壤氮素的吸收，其余部分来自于头季收割后稻桩的转运。氮肥能提高分蘖力和再生稻的产量，通过对头季稻增施基蘖肥和穗肥，结合再生季施用促芽肥和提苗肥，既能保证头季稻的良好长势，又能促进头季稻后期植株体内的含氮量。头季稻的氮肥施用能影响头季稻的生物量积累和氮素吸收，但对再生季没有显著影响。再生稻的肥料管理措施与常规的水稻施肥管理措施不同。在头季稻齐穗后施促芽肥能促进再生稻产量提高，科学施用促芽肥能维持头季稻生长后期的养分供应，维持叶片的光合作用能力，增加与光合作用有关蛋白的表达，供给再生芽萌发生长。此外，施用促芽肥还能提高母茎单茎茎鞘生物量，为再生芽生长发育提供良好的物质条件。头季收割后及早施提苗肥能延缓植株衰老，提高叶片光合能力，使茎秆积累较多营养物质，减少下部腋芽死亡，促进休眠芽萌发伸长，因而可增苗增穗（图 4-1）。

图 4-1　半机械式喷施提苗肥（宋美芳　摄）

再生季施氮肥，即施促芽肥和提苗肥有利于提高再生季新生叶片和茎鞘的氮素积累，也有利于氮素在再生季齐穗后向再生穗部的转运（图 4-2）。促芽肥适宜的施用时间为头季稻齐穗后15~20 天，这段时间内施促芽肥可促进休眠芽的萌发，增加再生稻的每穗颖花数和千粒重，这主要是因为再生芽对氮肥响应敏感的时间是在头季稻齐穗后 10 天左右。也有学者认为促芽肥适宜的施用时间在头季稻收割前 7 天，可促进再生芽的萌发生长。施促芽肥时如果稻桩营养物质含量过剩或者严重不足，促芽肥的施用时间几乎不会对再生力的强弱造成影响。

图 4-2　不同氮肥处理的再生稻长势，从左至右氮肥用量递增
（宋美芳 摄）

此外，头季稻收获后尽早施氮肥作提苗肥也是再生稻肥料管理的重要特征。头季稻收获时新生根数目少，根系活力低，用良好的措施培育健壮的头季稻根系和防止早衰对提高再生稻产量十分重要，头季稻收获后再生苗迅速萌发生长，对养分需要量增大，应及时补施肥料。头季稻收割后及早施氮肥作提苗肥能提高再生稻植株含氮量，特别是叶片的含氮量，增加植株的养分供应，有利于每穗颖花数的增加，形成大穗。

第二节　磷、钾肥及其他营养元素管理

增施磷肥不仅有利于提高品种再生力，还有利于每穗颖花数和结实率的提高。磷肥一般作底肥效果最好，施用期越迟增幅效果越低。增施钾肥对再生季成穗率的提高有促进作用。钾肥于头季稻齐穗期追施效果最好。

再生稻生长过程中也要吸收其他中微量元素，如硅元素。在稻田增施硅肥能促进稻株健壮生长，增强抗性，延长叶片功能期，促进再生芽萌发生长，提高再生芽成活率，增加有效穗、实粒数和千粒重，提高再生稻产量，一般中稻增产5%，再生稻增产10%以上。硅肥以作底肥施用为好，一般用量为30～450千克/公顷。在无硅肥销售的地区，头季稻抽穗期可施硅酸钙150千克/公顷，能起到施硅肥的相同效应。施用硅肥或钙镁磷肥作中稻底肥，不仅能显著提高中稻产量，并能促进再生芽萌发生长，发苗早，增加有效穗和实粒数，进而提高水稻产量；每公顷施硅肥和钙镁磷肥各60千克，纯氮180千克，在肥力低的稻田中再生稻增产效果明显。因此，再生稻生产宜采用每公顷施硅肥60千克和施钙镁磷肥60千克作底肥，可实现增产增收的效果。

近年来，随着富硒产业的发展，富硒大米逐渐进入普通消费者的餐桌。富硒大米是从富硒土壤里长出来的，其整个的生物过程：主要是来自土壤中的可溶性硒酸盐、亚硒酸盐等，通过植物根部被吸收，然后，进入植物的内循环系统，通过根—茎—叶—颖壳/籽粒的路径，参与了蛋白质的合成，最后，来自土壤的离子状态的硒，被以含硒蛋白的形式保存在种子里。富硒大米具有抗氧化、抗衰老，保护、修复细胞，提高人体免疫力、预防癌变、保护心脑血管和降血糖等功效。因此，在稻田施用硒肥（叶面喷施硒肥效果最佳）可以增加再生稻谷的硒含量和品质。富硒大米生产参考国家标准（富硒稻谷，GB 22499—2008）。目前，对再生稻其他微量元素的需求特性还未见具体报道。

第三节　水分管理

在头季稻生长期机械插秧前整平稻田，浅水栽秧，湿润立苗，薄水分蘖，全田总茎蘖数达到18万～20万时脱水晒田一次，控制无效分蘖，促进通风，增气养根，壮秆保叶养芽。浅水孕穗，头季稻齐穗后 25 天左右可自然落干田水。半旱式种植的稻田保持水平厢面，晒田时保持半沟水。灌浆期间歇灌溉，乳熟期后保持浅水层，水稻黄熟期保持湿润状态，提高水稻休眠芽的成活率。注意抗旱保苗，连续多日高温天气适当增加田间水层，防止后期脱水（图 4-3）。

图 4-3　水分管理不均匀影响再生季整齐度（李继福 摄）

　　土壤水分影响再生稻的生长发育，中稻蓄留再生稻头季生育后期至收割后再生芽萌发成苗期，正处于 7 月下旬到 8 月中旬，易出现高温少雨的情况，对再生芽的萌发生长造成很大影响。头季稻后期土壤含水量低、持续时间长，休眠芽伸长慢、发苗少，容易导致产量降低。头季稻齐穗后 15 天左右田间排水将导致叶片数减少，结实率以及千粒重降低，再生季的产量也相应降低。头季稻生育后期适时排水晒田，使得土壤水势下降，延缓植株衰老，降低光合作用强度，减少呼吸作用消耗，为再生芽的生长提供更多的营养物质积累。头季稻收前干旱，稻株的绿叶数减少，早熟，物质转运不畅，茎重增加，株高有所降低，活芽率下降，芽短，芽穗分化发育延迟。头季稻收割前 7 天左右进行田间排水、落干，维持头季稻收割时田间湿润，田间行走不陷脚，防止低节位再生芽被踩死或再生芽被淹死。总之，头季稻收割后要及时复水，可以减轻干旱影响，提高再生稻的活芽率，争取再生稻高产多收。

第四节 稻田培肥技术

土壤肥力指从环境条件和营养条件两方面供应和协调作物生长、发育的能力，是土壤物理、化学和生物等性质的综合反映。当前，我国已开展了大量不同稻作类型下稻田土壤肥力的研究，主要针对土壤肥力的时空演变规律、土壤肥力对水稻产量与品质的影响，以及土壤肥力对土壤耕作的响应等，明确了不同农艺措施下土壤肥力对水稻产量与肥料利用率的影响。高产水稻籽粒中氮素有 30％以上来自土壤。与双季稻和水旱轮作稻田不同，再生稻稻田由于特殊的田间管理与栽培耕作措施，其土壤肥力及变化动态明显不同。同时，再生稻也具有特定的养分吸收规律，即在头季稻成熟期－再生稻齐穗期，再生稻因再生芽的萌发与伸长，肥料吸收利用率较高；在齐穗期，因籽粒灌浆，再生稻对肥料吸收依然旺盛。因此，了解再生稻稻田土壤障碍因子，通过培肥土壤，藏粮于地才能更好地推广再生稻生产。

1. 再生稻稻田土壤障碍因子

种植再生稻是南方稻区提高复种指数、增加稻谷单产和提高效益的有效措施。由于中国南方主要稻作区劳动力紧张，种植再生稻可以缓解劳动力紧张的状况。同时，与双季稻作和水旱轮作相比，再生稻稻谷品质优且经济效益高，种植面积达 73 万公顷，其中四川省和重庆市的双季稻已有相当部分被中稻—再生稻取代，湖北、湖南、浙江和安徽等省也在大力恢复和发展再生稻种植。

再生稻田限制稻谷产量的主要土壤因素有：①再生季稻田土壤实施免耕，因此土壤容重增加，土壤易板结，同时稻田熟化层变浅；②稻田长时间淹水，导致还原性物质积累；③头季与再生季水稻持续对土壤养分吸收，且施肥不平衡，导致土壤养分失调；④单一种植制度导致土壤生物多样性降低、缓冲性和抗逆性减弱。

与双季稻作或水旱轮作不同，再生稻头季和再生季为同一品种；同时，再生稻的肥料主要来源于头季施入的促芽肥，即在头季稻齐穗的中后期追施少量氮肥和钾肥以促芽，虽然促进了头季稻的根系生长及再生稻再生芽萌发，但造成再生稻中后期缺肥。因此，再生稻从土壤吸收营养难以满足中后期稻株生长发育对营养物质的需求。所以，相对于传统的双季稻作与水旱轮作，持续的再生稻种植可能会造成土壤养分失调，特别是土壤磷、钾含量相对短缺，氮则出现盈余。

此外，与双季稻作和水旱轮作不同，为防止秸秆从稻田移走造成对再生稻休眠芽的机械损伤，同时降低劳动强度与节约成本，头季稻收获后秸秆直接还田。虽然秸秆还田能作为一种有机肥投入，改善土壤的理化性质，增加土壤有机碳的积累，但同时也提高了土壤微生物活性，导致微生物对秸秆的分解加速，从而增加稻田 CO_2 排放。头季稻秸秆覆盖在稻田表面，虽然减少秸秆与土壤的接触，使部分秸秆进行有氧降解，但秸秆的降解产物为土壤内部产甲烷菌提供了养料，导致再生稻稻田 CH_4 排放高于双季稻作与水旱轮作。

在我国南方，湖北、四川、重庆等省（市）采用头季稻与再生稻种植模式，其头季加再生季水稻生育期一般从 4 月上旬到 10 月中下旬；而 10 月中下旬到翌年 3 月积温不足以发展粮食作物，大多地区在再生稻收获后土地撂荒，造成光、温、水等气候资源与土地资源严重浪费。因此，充分利用再生稻收获后茬口期的光、热、水与土地资源，不仅可以获得更大的经济效益及社会效益，也能有效地培肥土壤。

2. 稻田培肥途径

（1）稻草还田培肥

稻草还田可以利用生物效应改善土壤缓冲能力，调节土壤的酸碱度；增加土壤孔隙，改善土壤团粒结构，提高土壤阳离子吸收能力，提高土壤肥力；提高微生物活力，有利于微生物生长繁殖；增加土壤中钾含量，提高土壤的供钾能力。稻草还田后土壤有机质含量持续增大，土壤中速效养分含量增加明显，容重持续下降，土壤孔隙度持续增加。因此，推广稻草还田将成为培肥再生稻稻田与平衡再生稻稻田土壤肥力的重要措施。

（2）茬口期种植绿肥

作为耗地作物，水稻需要从稻田土壤中吸收大量的氮、磷等营养元素，只有少部分以残茬和根系等形式归还土壤，大部分被籽粒和秸秆带出稻田。茬口期种植绿肥，其根系生长能够改善土壤机械组成和孔隙结构，促使土壤黏粒团聚与容重降低。绿肥种植后还田能提高土壤全氮、碱解氮含量，加速土壤矿化，促进水稻对磷素和钾素的吸收。冬种绿肥，即把绿肥作有机肥施用，不仅能充分利用冬季水热资源，还可以在高产稳产的同时改善和提高土壤肥力。

（3）增施有机肥

施用化肥可以使作物产量有较大的增加，但长期只施化肥不施有机肥会导致土壤板结、结构破坏、肥力下降。在我国，施用腐熟有机肥有着悠久的历史，而且在化肥大范围使用前，有机肥是改良土壤结构、提高土壤肥力和增加作物产量的有效措施。

（4）合理施肥化肥

我国稻田背景氮含量明显高于其他国家的稻田。土壤背景氮含量高是由于长期施用大量无机肥和有机肥在稻田土壤中积累所致。土壤背景氮过高，将导致休耕期更多的氮素损失进入环境，而因水稻在低背景氮含量的土壤条件下应比高背景氮含量条件下对氮肥的反应更为敏感，当氮肥施用量大时将导致水稻氮肥农学利用率降低。因此，依据水稻生长对养分的需要进行合理与平衡施肥，将有效地降低肥料使用量，降低土壤肥力失衡的概率。

（5）加深耕作层，促进团聚体形成

合理耕层构建是我国目前高标准农田建设和中低产田开发研究的共性问题，对大幅度提升耕地质量及综合生产能力具有重要意义。其耕层结构直接关系作物产量和生态环境。目前，对稻田的连续高强度开发和不合理利用，致使稻田土壤耕层变浅、犁底层加厚、土壤容重偏高，致使水稻植株根系分布浅、营养吸收范围小、肥水利用率低。因此，加深耕作层、改善耕作层通气性，将有利于水稻田土壤生产力的提高。目前可通过由多耕到少、免耕，由表层松土到残茬覆盖再到秸秆（含残茬）覆盖，由机械除草到化学除草，由单一机械耕作到土壤施肥、灌溉、种植机械作业一体化等多种途径加深稻田耕作层。

3. 稻田培肥增产发展趋势

（1）中稻蓄留再生稻土壤肥力变化特征及其生态调控途径

在再生稻稻作区原位长期监测不同再生稻稻田模式（早稻蓄留再生稻、中稻蓄留再生稻）与不同再生稻品种（籼稻与粳稻）稻田土壤肥力变化特征，并与当地主要常规稻作模式（双季稻、油稻、麦稻）的土壤肥力变化比较分析，阐明我国主要再生稻稻作区土壤肥力变化特征，明确影响再生稻稻田土壤肥力的障碍因子，提出改善再生稻稻田土壤肥力的生态调节途径；同时，分析不同模式与品种下再生稻氮、磷、钾的吸收利用规律，研究其与土壤肥力的相关性，提出科学合理的施肥技术。

（2）再生稻稻田土壤培肥技术及替代品筛选与应用

针对土壤肥力失调、养分损失大、土壤碳排放大与茬口期土壤资源浪费等问题，在主要再生稻稻作区研究茬口期生物培肥与土地资源高效利用技术，即通过在茬口期种植豆科作物、紫云英、三叶苜蓿、饲料油菜等筛选高效生态的培肥与土壤资源利用技术；优化秸秆还田技术，探讨秸秆处理方式与秸秆配合添加剂等降低稻田碳排放、改良土壤理化性质、培肥土壤的作用；周年耕作施肥技术，即设计头季稻施用氮、磷、钾肥比例、用量与施肥运筹，配合再生稻季耕作，减少肥料损失，建立生态经济丰产的耕作施肥技术。

（3）再生稻稻田土壤培肥与耕作的关键机具选改型及配套

针对再生稻生长过程中机械化程度低、肥料利用率低等问题，应利用长期定位试验基地，研究不同机具配合施肥下再生稻稻田头季稻与再生稻的养分吸收规律，阐明机械化施肥对再生稻养分吸收利用的影响，明确再生稻稻田机械化施肥技术，提出适宜我国再生稻机械化的增产增效的再生稻周年施肥模式。

（4）再生稻稻田土壤团聚体形成与肥沃耕层构建

针对再生稻稻田长期处于淹水状态的现实，稻田培肥应进行冬季休耕或者翻耕、落干处理，增加农田有机物料从而构建健康的土壤团聚体结构单元。

第五章　再生稻收获与加工

第一节　再生稻收获

1. 收获时期选择

再生稻抽穗不整齐，因此成熟时间不一致。一般要在头季稻收割后 60~70 天、再生稻九成黄熟后才收割，否则青籽太多会影响再生稻米产量和品质。

2. 收获机械选配

头季稻机收通常采用低留桩来减少收割机对稻桩的碾压，因此人工收割方式下的再生稻主栽品种不适于机收低留桩再生稻。开展适于机收再生稻品种的筛选，是发展机收再生稻的关键。

建议选用带茎秆切碎和抛撒装置的收割机作业，便于秸秆还田和埋茬。作业前要检查调试机械，对收获机具进行检查、调整和保养，保证机械技术状态良好。同时，做好田间异物清除、根据收割方式开出作业前收割道等准备工作。通过比较不同收割机的机收效果对再生稻生长发育的影响，发现最适合头季稻机收的收割机为久保田（图 5-1）。

图 5-1　江汉平原广泛使用稻谷收割机（李继福 摄）

头季稻机收时要注意提高稻桩数量，提别是提高竖稻桩的数量。选择好的收割机（表5-1）、机器操作员良好的田间作业技能、头季稻收割时田间保持适宜的土壤湿度是再生稻机收技术的关键。

表5-1 久保田全喂入履带式联合收割机主要技术参数

机器型号	4LZ-2.5
标定功率	49.2千瓦
机器长度	4.86米
机器宽度	2.30米
作业净幅宽	2.0米
机器轮距	2.78米
履带接地长	1.68米
履带宽度	0.40米
接地压力	20.3千帕

3. 再生稻机收关键技术

（1）头季稻留桩高度

头季稻留桩高度为15～40厘米，留桩高度越高再生季越早抽穗成熟，反之，就会延长生育期，推迟成熟。准两优608留桩高度最高的40厘米与最低的15厘米相比齐穗期提前13天，成熟期提前14天。

留桩高度与成熟期有密切的联系，合理的留桩高度是机收低留桩再生稻高产的关键技术之一。早熟品种的留桩高度为10～15厘米，中熟品种采用15～20厘米，既能保证部分母茎腋芽，又能利用基部的分蘖芽，使群体有效穗数、穗粒数、生育期处于较佳范围，产量最高。留桩高度每降低10厘米，再生稻齐穗期延长 3～5 天。因此，留桩高度的确定应以确保再生稻安全齐穗为原则。

（2）收割机行走路线

当前，大面积应用的收割机均为久保田系列，其改型机械经久难用、不易损坏。收割机在田间作业时要保护好机器腹底稻桩资源，尽量让每趟收割机开过后能留 2～3 行竖稻桩，转弯的时候油门轻踩，否则收割机的大动作会对稻桩造成严重损伤。卸稻谷时按照方便就近的原则卸到机动道。可以重复利用机械碾压行，减少被压行数，争取留的行数占总行数的 2/3 以上，全田竖直稻桩的比例达到 60% 以上。

在江汉平原头季稻机收的联合收割机行走方式主要有：①农民习惯：螺旋式收割；②习惯优化：环行状式收割；③理论优化：回形针式收割。具体收获行走路线如图 5-2 所示。当前农民习惯收获方式不仅造成收获效率低，还容易造成稻桩的大面积碾压，影响再生稻的产量形成。基于南方稻区普遍使用久保田系列联合收割机，因此，采用习惯优化方式比理论优化方式更适合当前农业生产。

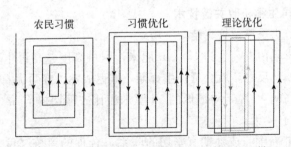

图 5-2　3 种头季稻机械收获示意图（朱建强 供）

农民习惯对田间和地头碾压较均衡，但整体碾压率高；理论优化对地头碾压较重，田间碾压率高；习惯优化对地头碾压较重，地头碾压率高（表 5-2）。

表5-2　头季稻机械收获对农田碾压的影响

处理	收获效率（米²/分钟）	地头碾压		田间碾压	
		碾压宽度（米）	碾压率（%）	碾压宽度（米）	碾压率（%）
农民习惯	58	6.4	45.6	0.78	56.1
理论优化	71	3.4	89.5	0.61	43.9
习惯优化	83	6.4	85.9	0.50	36.0

（3）收获时田间湿度

头季稻收前15天，再生稻休眠芽对土壤水分的敏感性大于收获后13天，土壤水分不足，将严重影响休眠芽的伸长和成活率。土壤含水量为21%时，再生稻休眠芽伸长减缓，发苗少，有效穗数不足，产量低，可把此值定为再生稻受干旱胁迫影响的临界值。头季稻收获前大田水分控制非常重要，田太湿、糊烂，收割机压后稻桩损失的比例较高，严重情况下收割机还会陷入田里。土壤太干了根系会死，腋芽失去活力，发苗少，影响再生稻产量。最好在收割前7~10天灌一层薄水，施用促芽肥后自然落干，收割时以脚踩不发生下陷为好。一般到收割的时候土壤含量水控制在25%~30%为宜。

再生稻萌芽一致情况下，晴天收割头季稻，田间有无水及水层深浅对再生芽的成活、发苗和产量有较大的影响。晴天收割后灌浅层水，土壤水分达到饱和状态时将水排掉，使腋芽萌发所需的水分协调，对再生芽成活有良好效果。无水田在晴天收割头季稻，田间干燥，升温过快，温差较大，易造成上节位腋芽脱水干枯。稻桩创口因高温失水过快、过量，影响倒二节腋芽成活，最终造成发苗少、有效穗数不足、产量低。因此，无水田在晴天收割头季稻时割后应灌浅层水，土壤水分饱和后排干，同时有条件的地区在收割后1~2天用喷管给稻桩喷水，对再生芽的保活和发苗都有积极作用。

第二节 再生稻储存技术

稻谷在储藏期间，往往会发热、霉变、生芽，导致稻谷品质劣变。随着储藏时间的延长，稻谷容易产生陈化变质现象，逐渐失去新米特有的香味而产生陈米的臭味，酸度增高，烧熟的米饭松散、黏性降低。储藏时间较长的大米，将基本丧失新大米饭香、黏、软的食用品质。因此，很多大米在没脱壳之前，因为没有良好的储存环境，就已经陈化变质了，而了解大米的储存环境和相关知识，对人们选购大米也很有帮助。企业收储再生稻米时应遵循稻谷储存品质判定规则（附录三 GB/T 20569—2006）。

1. 稻谷的储存特性

（1）稻谷有坚硬的外壳

一定程度上可抵抗虫霉的危害及外界温、湿度的影响。

（2）稻谷易生芽

稻谷后熟期短，在收获时生理已成熟，具有发芽能力。稻谷萌芽所需的吸水量低（25%）。因此，稻谷在收获时，如遇连阴雨，未能及时收割、脱粒、整晒，那么稻谷在田间、场地就会发芽。保管中的稻谷，如遇结露、返潮或漏雨，也容易生芽。

（3）稻谷易沤黄

在收获时，遇连阴雨，稻谷脱粒、整晒不及时或连草堆垛，容易沤黄。沤黄的稻谷加工的大米就是黄粒米，品质和保管稳定性都大为降低。稻谷黄变无论仓内仓外均可发生，稻谷含水量越高，发热次数越多，黄粒米的含量越高，黄变也越严重。而黄粒米易产生黄曲霉毒素，人食用后会中毒，甚至致命。

（4）稻谷不耐高温

稻谷不耐高温且随着储存时间的延长而明显陈化，如黏性降低、发芽率下降、脂肪酸值升高。烈日下暴晒的稻谷，或暴晒后骤然遇冷的稻谷，容易出现"爆腰"现象，大米表面出现裂纹，影响大米的外观和口感。

（5）稻谷易结露

新谷入仓不久，遇气温下降，在粮堆的表面出现一层露水，使表层粮食水分增高，形成粮堆表面结露。不及时消除结露的后果是：造成局部水分升高，稻谷籽粒发软，有轻微霉味，接着谷壳潮润挂灰、泛白，仔细观察未熟粒有时可以发现白色或绿色霉点，容易产生黄曲霉毒素。

（6）稻谷易受虫害感染

危害储藏中稻谷的害虫主要有：玉米象、米象、谷蠹、麦蛾、赤拟谷盗和锯谷盗等。

2. 稻谷的储存法则

保管稻谷的原则是"干燥、低温、密闭"。

（1）控制稻谷水分

严格控制入库稻谷的水分，使其符合安全水分标准。稻谷的安全水分标准随粮食种类、季节和气候条件变化而不同。

（2）清除稻谷杂质

入库前进行风扬、过筛或机械除杂，使杂质含量降低到最低限度，以提高稻谷的储藏稳定性。把稻谷中的杂质含量降低到0.5%以下，提高稻谷的储藏稳定性。

（3）稻谷分级储藏

稻谷做到分级储藏，即要按品种、好次、新陈、干湿、有虫无虫分开堆放，分仓储藏。

（4）稻谷通风降温

稻谷入库后及时通风降温，防止结露。在9～10月、11～12月和翌年1～2月分三个阶段，利用夜间冷凉的空气，间歇性地进行机械通风，可以使粮温从33～35℃，分阶段依次降低到10℃以下。

（5）防治稻谷害虫

稻谷入库后及时采取有效措施全面防治害虫。通常多采用防护剂或熏蒸剂进行防治。

（6）密闭稻谷粮堆

在冬末春初，气温回升以前粮温最低时，采取行之有效的办法压盖粮面密闭储藏，以保持稻谷堆处于低温（15 ℃）或准低温（20 ℃）的状态。常用密闭粮堆的方法有：全仓密闭，塑料薄膜盖顶密闭，少量粮食也可以采用草木灰或干河沙压盖密闭。稻谷干燥技术及设备见附录四（GB/T 21015—2007）的国家标准规定。

第三节　再生稻加工与包装

1. 再生稻加工

再生稻谷加工指脱去稻谷谷壳（颖壳）和皮层（糠层）的过程。稻谷籽粒由谷壳、皮层、胚和胚乳四部分组成。稻谷加工的目的是以最小的破碎程度将胚乳与其他部分分离，制成有较好食用品质的大米并满足无公害食品稻米加工技术规范（NY/T 5190—2002）。稻谷加工分为清理、砻谷和碾米三个工序。

（1）清理

稻谷中混有砂石、泥土、煤屑、铁钉、稻秆和杂草种子等多种杂质。加工过程中清除不净，不仅影响安全生产、降低稻米质量，而且有害人体健康。清理方法有风选、筛选、密度分选、精选、磁选和广电分选等（表 5 - 3）。

表 5 - 3　稻谷的清理方法及原理

方法	原理	常用设备	作用
风选	稻谷和杂质空气浮力的差异	风选机	分离轻杂
筛选	稻谷和杂质粒度的差异	振动筛、初清筛	粒度相差较大的杂质
密度分选	密度差异	比重去石机	除去石子
精选	长度差异	碟片、滚筒精选机	长度相差较大的杂质
磁选	杂质的磁性	磁桶	磁性杂质
光电分选	光学性质的差异	光电分选机	色差相差较大的杂质

（2）砻谷

砻谷指加工脱去稻壳的工艺过程（图 5-3）。稻谷砻谷后的混合物称为砻下物，主要由糙米、未脱壳的稻谷、稻壳、毛糠、碎糙米及未成熟谷粒组成。

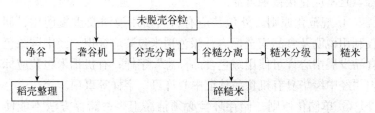

图 5-3　砻谷工艺流程

（3）碾米

稻谷经脱壳和谷糙分离而成的净糙米，其表面的皮层含纤维较多，影响食用品质。碾米指将糙米的皮层碾除，从而成为大米的过程。中国大米按国家精度标准分为特制米、标准一等米、标准二等米、标准三等米。一般粳稻加工成特制米时出米率为 65％左右，加工成标准一等大米的出米率为 69％左右。

2. 再生稻米包装

再生稻以绿色、优质、无污染著称，因此，再生稻米包装是稻米产品的重要组成部分，是企业拓展国内市场、开发国际市场的利器，也是吸引顾客注意、激发顾客兴趣、鼓励顾客购买的重要促销手段，它承担着传递"品质"信息、宣传品牌形象、体现稻米产品、方便顾客购买和使用的重要功能。

（1）再生稻米包装的原则

① 轻量化原则。在保证运输储藏和销售的前提下，包装要尽量减少材料使用总量，包装的体积和质量应限制在最低水平，实行包装减量化。

② 环保化原则。包装材料必须做到可重复使用、可回收利用或可降解，包装废弃后，经处理可重新回收利用。

③ 无害化原则。包装表面不得涂蜡、上油；不允许涂塑料等防潮材料；纸箱上的标记必须用水溶性油墨，不允许用油溶性油墨；金属类包装、玻璃制品不应使用对人体和环境造成危害的密封材料和内涂料；印刷外包装的油墨或贴标签的黏着剂应无毒，且不应直接接触食品。

④ 规范化原则。外包装应有材料使用说明及重复使用、回收利用说明及食品安全标志；绿色稻米包装应标识"经中国绿色食品发展中心许可使用绿色食品标志"字样；有机稻米包装应标识"经中绿华夏有机食品认证中心许可"字样等事项。

⑤ 单储化原则。储存环境必须洁净卫生；储存方法不能使稻米品质发生变化，不能引入污染；可降解食品包装与非降解食品包装应分开储存与运输；不得与农药、化肥及其他化学制品等一起运输。

⑥ 分步实施原则。在技术条件许可与商品有关规定一致的情况下，应选择可重复使用的包装；若不能重复使用，包装材料应可回收利用；若不能回收利用，则包装废弃物应可降解。

⑦ 少量化原则。根据社会经济的发展趋势和人们生活习俗的改变，稻米包装逐渐趋于小型化，内装稻米量应做到适量够用。

⑧ 方便化原则。再生稻米包装应根据消费者的消费习惯和购买行为变化，改进包装大小、外形和材质等，使之方便开启、携带，便于展示和使用（图 5 - 4）。

（2）再生稻米包装策略

① 国际化策略。研发和引进高新包装技术和包装工艺，使用世界公认的环保和无公害包装材料，与国际市场接轨，促进产品走向国际市场，也使国内消费者享受到与国际市场同等的绿色包装，以提升企业形象和产品的市场声誉。

② 规范化包装策略。即根据国家有关包装材料、包装过程和包装工艺的相关规定及对安全食品标志商标使用说明，对绿色

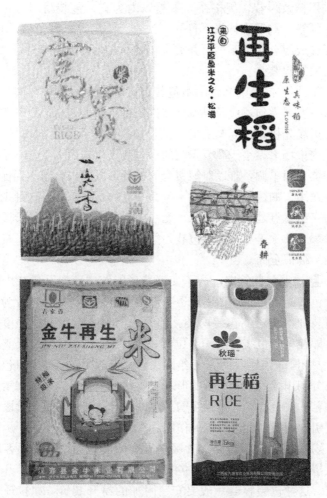

图 5 - 4　市面上常见再生稻米包装

再生稻米包装加以规范，使消费者买得放心、用得安心、处置剩余包装物顺心。

　　③ 等级包装策略。即根据稻米的不同品质或消费者的不同需要，采用不同等级的包装。如消费者购买的目的是用作礼品，

则采用精致包装，规格在 5 千克以内为宜，包装材料可选用纸袋、纸箱、绸缎、竹篮、竹筒、铁盒、铁筒等，既可做单包装，也可做成组合套装系列，并突出包装的文化内涵；若自行消费则只需简单包装。

④ 小型包装策略。小型包装是市场发展的趋势与潮流，根据这一发展方向，应及早设计并推出特色小型包装，以利于企业抢占市场先机，树立鲜明的产品形象和奠定领导者的市场地位。在国内市场上，小于 2.5 千克的小包装极少，而 2.5～10 千克包装种类也很单调，难以对消费者的视觉形成冲击，起不到促销宣传的效用。如德国大多数大米是 500 克的纸盒包装，这种纸盒包装的突出优点是无毒、无味、无污染。虽然进入我国的泰国香米一般都是 2.5 千克以上小包装，但包装袋耐用不易破损，且图文清晰、标识全面。

⑤ 透明包装策略。为了使消费者能够"窥探"包装内的大米成色和品质，企业可采用透明包装策略。这类包装可分为全透明包装和部分透明包装两类。部分透明包装也称为"开窗"包装，即在稻米包装的某一部位开一个"窗口"，用玻璃纸或透明薄膜封闭，把内装大米展示给购买者。全透明包装和开窗包装就是充分利用绿色稻米本身的形态、质感、色彩等向顾客展示，满足顾客的好奇心。这是顾客购买前进行产品评价的重要阶段，能起到引导消费、促进宣传的作用。

⑥ 易开式包装策略。为吸引顾客的注意力，引发顾客的购买欲望，开发"易开式"的包装容器，以方便顾客携带、开启和使用。这种包装容器一般要安装附加的易开装置，如拉环、拉片、按钮等。企业也可将其作为一种有效的促销策略。

⑦ 顾客类型包装策略。即企业根据不同顾客类型及其不同需要，分别推出不同功能和效用的功能性大米包装。如针对儿童的大米包装应做到体型小巧、造型多变、色彩丰富、多带卡通形象，俨然是件儿童小玩具。针对女士的大米包装则应体型秀气、

造型雅致、色彩自然，包装材质与图文搭配协调，强调营养、美容和调解机理，并配置营养表、烹饪方式等体现人性化的关怀。而针对老年人的大米包装就应做到体型端庄、造型古朴、色彩纯厚，以大自然和丰收景象为背景，强调自然、绿色、保健，突出实用、传统和实惠。

⑧ 类似包装策略。优质稻米的类似包装策略就是将同一品牌的稻米产品包装，设计成相同的图案、近似的色彩、相同或相近的包装材料和造型及其他共同特征，便于顾客识别出本企业的产品，有利于宣传企业和产地的稻米品牌，有助于创建知名稻米品牌。

总之，再生优质稻米的包装大有文章可作，如果设计、制作成功，这张特有的"名片"不仅可以鲜明地代表着再生稻米的品质和个性特征，还将无声地向顾客宣传着再生稻米品牌和品质，吸引不同的顾客驻足、欣赏、购买和品尝。

3. 稻谷加工副产品综合利用

（1）稻壳

① 炭化后作吸附剂或色谱填料。

② 作为燃料。

③ 制作活性炭。

④ 制备隔热、保温材料、防水材料。

⑤ 制备水泥及混凝土。

⑥ 制备涂料。

（2）米糠

① 米糠油。亚麻酸含量低、维生素 C 含量较高。

② 糠蜡。高级一元醇和高级脂肪酸形成的酯类。

③ 谷维素。米糠中的不皂化物。

④ 谷甾醇。普遍存在于谷物、米糠油等植物油中。

⑤ 植酸钙与肌醇。可作药物和营养剂，广泛应用于医药、化工和食品中。

第六章 再生稻标准化高效栽培技术集成与应用

当前，我国再生稻生产主要分布于四川、重庆、福建、湖北、江西、云南、贵州、广西、湖南等地，尤以四川、重庆和湖北地区的发展最为迅速。因此，我们根据实地考察和资料搜集，总结了各地区再生稻高产栽培技术集成，为继续推动再生稻产业发展提供理论和实践支撑。

第一节 四川省富顺县再生稻技术集成

1. 选好品种是前提

在中稻—再生稻耕作制度下的品种选择，除了要求头季稻丰产性好、抗逆性强、米质较优外，还应注意3点。

（1）品种生育期适中

根据富顺县气候特点，再生稻安全齐穗期必须安排在9月15日前，这就要求头季稻在7月15日前齐穗、8月20日前成熟收获。因此，生育期过长的品种一般不宜在富顺县作再生稻栽培。

（2）品种再生力强

要选择再生芽萌发势强的品种，最好选择早发型、多发型品种。

（3）中稻后期不早衰

要选用中稻成熟前根系活力强、叶片功能期长的品种。目前适宜的品种主要有Ⅱ优 498、中优 368、天优华占、内 5 优 39 和川优 6203 等。

2. 种好头季稻打好基础

（1）培育壮秧

壮秧是水稻增产的基础。水稻旱育秧由于秧苗素质好，可早播早栽促早熟，有利于再生稻生产，应大力推广应用。水秧、旱秧均应抓好冬季培肥、精细作床、适当稀播、早管勤管、适时炼苗等培育壮秧的关键技术环节。

（2）适期早播早栽

适期早播早栽能促进头季稻提早成熟，对于趋利避害夺取两季高产稳产意义重大。全县杂交中稻的适宜播期一般掌握在 2 月底 3 月初抢"冷尾暖头"播种，通常先播旱育秧，后播水育秧。冬水田中秧苗的适宜播期在 4 月中旬前后，待气温稳定在 15 ℃以上且秧苗叶色正常情况下力争早栽。一般先栽旱育秧，后栽水育秧。

（3）合理密植，规范化栽秧

合理密植、栽足基本苗既有利头季稻高产，又能确保再生稻有足够母茎数、多发苗、增加有效穗、夺取高产。一般中苗秧每亩植窝数旱育秧应达 1.0 万，水育秧应达 1.2 万，提倡单双株间栽。同时要坚持宽窄行或等行拉绳定距错窝栽秧，以改善田间通风透光条件，减少荫蔽，减轻病害。

（4）科学施肥

要实行配方施肥，重视增施磷、钾、锌肥，注意避免因偏施氮肥影响中稻中后期根茎叶协调生长造成倒伏或导致后期发生稻叶黑粉病影响绿叶功能。要注意适当增加中后期肥料比例，通过看田看苗适当增施穗粒肥，促进中稻成熟时体内贮藏足够的养分，确保根活、叶绿、秆青、不早衰。

（5）综合防治病虫害

水稻纹枯病对蓄留再生稻影响大，因此要在根据病虫预报及时综合防治好其他病虫害的基础上，重点加强对水稻纹枯病的防治，提倡防治 2 次，一般在分蘖末期（5 月底 6 月初）和孕穗期（6 月底 7 月初）用井冈霉素或纹曲宁分别防治 1 次。

（6）管好田水

8 月上中旬头季稻收割前后常出现干旱、高温天气，此时正值再生芽萌发伸长的重要时期，易造成再生芽伸长受阻，严重影响发苗。为此，生产上必须做好蓄水保水工作，及早捶好田坎、扎好田缺、蓄足田水，做到有水打谷。但同时应注意头季稻中后期不宜长期淹深水，以免影响头季稻根系活力和腋芽成活率。

3. 施好促芽肥最关键

再生稻促芽肥适宜在头季稻齐穗后 5～10 天施用，每亩施尿素 15～20 千克，并按照"四看两定"的原则（即看田块、看品种、看苗情、看天气，确定施肥时间和施肥数量）具体施用。一般迟发型、后期转色快的品种和中后期供肥力较差、叶片落色早、褪淡较快及干旱缺水的田块，要早施、重施；相反可适当推迟施肥时间或减少用肥量。施肥期间还必须密切注意天气情况，避免因大雨造成肥料流失。

4. 把好收获关

为确保再生稻安全齐穗和稳产高产，中稻必须把握好"十成熟、芽伸长、高留桩"的 3 个收获标准。一般头季稻主穗基部仅 2～3 粒青籽即为十成熟；主穗倒三节腋芽伸长 2～3 厘米即视为再生芽明显伸长；留桩高度不低于 33 厘米，做到"留二保三"（留住倒二节，保证倒三节芽发苗）即为高留稻桩。按此标准若能在 8 月 20 日前收获头季稻，就能保证再生稻于 9 月 15 日前安全抽穗扬花。但在部分年份头季稻遇"高温逼熟"情况下，则应主要依据再生芽伸长情况来确定收获期。

5. 搞好再生稻田间管理

（1）在头季稻收割后稻草压到行间，扶正稻桩。

（2）在头季稻收割后 3 天内及时增施一次提苗肥，每亩施用尿素 5 千克左右。

（3）捶糊田坎，做好蓄水保水工作。

（4）在再生稻始穗期可每亩施赤霉素 1～2 克，提高抽穗整齐度和结实率。

（5）病虫害防治，尽量选用物理方法防治再生稻纹枯病、第三代螟虫、稻飞虱和稻纵卷叶螟等病虫害，减少农药使用。

第二节 重庆市江津区再生稻技术集成

再生稻种植是利用头季中稻茎秆上的腋芽，在充足的外部条件下，在不需耕田栽秧、增加劳动力的情况下，靠稻桩萌发的再生腋芽成穗收获一季庄稼的耕作方式。它时间短、见效快、效益高，只要按技术规程操作，在较短时间内就可每亩增收稻谷150～200 千克，高的可达 250～350 千克。

1. 选好品种

选头季中稻产量高、再生能力强的品种蓄留再生稻，目前70%以上的品种都适合蓄留再生稻。

2. 严格栽培方式

凡蓄留再生稻的田块都要合理密植，既要保证头季高产，又要保证再生稻的合理生长。密度过稀头季和后季的产量均不高，过密易染病虫。因此，应合理密植规范栽培。

3. 科学施肥，合理管水

对蓄留再生稻的田块在施肥上，要重底肥、早追肥、增磷钾肥、控氮肥。在管水上，要浅水灌溉，头季分蘖发足后晒田，中后期田间有水层或保持田泥湿润，保证中稻植株健壮、活根活叶。

4. 加强中后期病虫害综合防治

在中稻破口抽穗期，要切实搞好病虫害综合防治，做到病虫害兼治，药肥同施，把二代螟虫、卷叶虫、稻飞虱、稻瘟病、纹枯病等一起防治，为再生稻萌发保留一个健壮的母体。

5. 适时足量施好促芽肥

头季中稻所施的肥料，经过分蘖、孕穗、扬花、灌浆结实后其养分基本耗尽，而再生芽在中稻灌浆期就开始萌发，再生芽的营养此时主要依赖母体（中稻）供给，为确保"娘壮儿肥"，必须适时施好促芽肥，才能为再生芽萌发创造一个良好的营养条件。一般在中稻齐穗后 13～15 天或收获前 15 天左右施用促芽肥为宜。根据稻田的肥力和前期施肥情况一般每亩施促芽肥尿素 10～15 千克。施肥时田间最好有浅水或田泥湿润，必须在露水干后或下午 6 点后撒施最好，要求撒施均匀。

6. 适时收割头季

高留稻桩，保留倒二节，为确保再生稻高产，要求头季中稻在 90%～95% 成熟变黄时开始收割，要高留稻桩，保留稻桩 33 厘米以上，最好保留到倒二节。因倒二节上的芽健壮，容易形成大穗，其产量占 50%～70%。

7. 再生稻田间管理

中稻收割期间正是高温天气，在有条件的情况下，收割当天可浇水一次，使稻桩内装满水，防止稻桩干枯，收割第二天要及时起开稻草，把压倒的稻桩扶正，如收割后 2 天发现腋芽抽发较好的，可立即施一次发芽肥，每亩施尿素 5～6 千克，并用赤霉素 1 克用高度白酒或酒精 100 毫升溶解后兑水 40～50 千克喷施提苗，促其发苗整齐，另外要搞好病虫害防治，到 10 月中下旬及时收割再生稻。

第三节　重庆市巫山县再生稻技术集成

1. 技术概述

再生稻高产高效栽培，是指通过种植再生力强、中稻—再生稻两季丰产稳产性好的优质杂交稻品种，配套超高产栽培技术，并利用中稻收获后的稻桩休眠芽萌发长成稻株，抽穗成熟收获再生稻，获得年产两季、一种两收的高产高效稻作技术，具有生育期短、省工、省种、省肥、节水、提升稻米品质、增产增效等优点。

2. 技术要点

（1）品种选择

选择生育期在 160 天左右，品质优，再生力、抗病力及抗倒力强，中稻—再生稻两季丰产稳产性好的穗粒兼顾型杂交稻品种，如宜香优 2115、C 两优华占、宜香优 1108、深两优 5814、Y 两优 1 号、丰两优 6 号等优质稻、超级稻品种。

（2）合理布局

选择海拔 350 米以下，有水源保证的沿江河谷地带再生稻适宜区。

（3）适期早播，集中育壮秧

在 2 月下旬至 3 月 10 日前、日平均温度稳定通过 10 ℃时开始集中进行旱地育秧。湿润育秧在日平均温度稳定通过 12 ℃时开始播种，采用旱育水管，可选择机插育秧、旱育秧或湿润育秧方式。

（4）耕整大田，防除杂草

采用机械化浅旋耕或人工耕整稻田，注意除草灭茬，以利扎根立苗。手插栽培稻田整地质量要达到"高低不过寸，寸水不露泥，表层有泥浆"的标准。机插栽培要求精细整田，选择排灌方便、泥脚深度不超过 30 厘米的移栽稻田进行机耕或人畜翻耕，确保田平整，无过量残物，田块内高低落差不大于 3 厘米。化学除草注意在栽插前选择高效安全的农药进行封杀除草，水稻移栽后若杂草较多，则采用人工拔出或在水稻栽后 5～7 天施用高效低毒农药，并保持 3 厘米水层 3～5 天除草。

（5）适期早栽，合理密植

适时早栽有利于改善秧苗个体的生长环境，促进秧苗低位节早发多发分蘖，培育头季大穗，增加再生季母茎数。在 4 月 10

日前、秧苗 3.5～4.5 叶时及时移栽，栽插方式可选择机械化栽插、半旱式人工插秧或宽窄行规范人工插秧。机插栽培选择晴天或阴天进行，每亩插足 1.2 万～1.4 万蔸，平均每蔸 1.5～2 株。宽窄行栽培每亩插足 1.1 万～1.5 万窝，每窝插 2 粒谷苗。半旱式栽培可按 1.2～1.3 米开厢、厢沟宽 30 厘米、厢面宽 0.9～1 米、沟深 25 厘米，每厢栽 4 行，宽窄行栽植。

（6）精准配方施肥

头季中稻施肥按不同栽培方式及目标产量选择不同的肥料配方及比例。氮、磷、钾肥配合施用，有针对性地补施微量元素肥，肥料用量为纯 N 10～13 千克/亩、P_2O_5 6～7 千克/亩、K_2O 7～8 千克/亩，N：P_2O_5：K_2O 肥料配比为 1：（0.5～0.6）：（0.6～0.7），施肥方法为"一基两追"。机插栽培施肥原则：施足基肥（机插前 2～3 天耙面施用）；适时追施分蘖肥（机插后 20～25 天追施），促进早分蘖、多分蘖；增施拔节孕穗肥（孕穗初期晒田复水后施用），促进花芽分化，提高有效分蘖成穗率，争取大穗。半旱式和宽窄行栽培施肥原则：施足基肥（栽插前 1～2 天耙面施用），适时追施分蘖肥（栽秧后 7～10 天施用），增施拔节孕穗肥（孕穗初期晒田复水后施用）。

（7）浅湿灌溉，适时晒田，强根促蘖

栽秧前整平稻田，浅水栽秧，湿润立苗，薄水分蘖，全田总茎蘖数达到 18 万～20 万时脱水晒田一次，控制无效分蘖，促进通风，增气养根，壮秆保叶养芽；浅水孕穗，中稻齐穗后 25 天自然落干田水。半旱式种植的稻田保持水平厢面，晒田时保持半沟水；灌浆期间歇灌溉；乳熟期后保持浅水层，水稻黄熟期保持湿润状态，提高水稻休眠芽的成活率。注意抗旱保苗，遇连晴高温天气适当增加田间水层，防止后期脱水。

（8）头季病虫害综合防治

根据田间病虫测报，选用高效、低毒、低残留农药，在关键时期防治好水稻二化螟、稻飞虱、稻纵卷叶螟和稻瘟病、纹枯病等病虫害。

（9）施足促芽肥

促芽肥是夺取再生稻稳产、高产的关键技术措施，在头季收获前 10～15 天每亩施尿素 15～20 千克作促芽肥。

（10）看芽（苗）抢收头季，保证留桩高度

当全田谷粒黄熟 90% 以上、70% 的植株倒二、三节芽长达 2 厘米以上或全田 10% 的稻株能见到再生苗时收割，留桩高度达到 30～40 厘米，争取倒二节休眠芽成穗，提高再生穗率。

（11）稻草覆盖，抗旱保苗

头季稻收获后立即将稻草覆盖在稻桩行间，既可减少田间水分蒸发、保持土壤湿度、抗旱保苗、促进再生芽的生长，又可增加土壤的钾素营养、培肥土壤地力。

（12）及时追施发苗肥

在头季稻收割后 1～2 天，及时用腐熟清粪水 800～1 500 千克泼施稻桩，再每亩施用尿素 10～15 千克作发苗肥，争取多发再生苗，提高再生苗成穗率，增加有效穗。再生稻始穗期，每亩用赤霉素 2 克对水 50 千克喷苗，结合喷施磷酸二氢钾（150～200 克对水 50 千克）1～2 次，促进再生稻早孕穗、早成熟，适当增加穗长和粒数，提高结实率，增加产量。

（13）加强田间水分管理

收获头季稻后立即复水，若遇连晴高温天气或稻田缺水时，应注意在收割当日傍晚及后两日早晚浇水泼桩，保持田间湿润发苗、浅水长苗、水层扬花，干湿交替成熟，至接近黄熟时排水。

（14）防治病虫害

根据病虫预测预报情况重点防治稻瘟病、纹枯病和稻飞虱、稻纵卷叶螟、三代螟虫等病虫害，确保再生稻丰收。

3. 适宜区域

适宜于海拔 350 米以下，沿江河谷及丘陵地区有水源保障的再生稻适宜区。

第四节 湖南省临湘市再生稻技术集成

1. 选择再生力强、丰产性好、生育期适中的再生稻组合

选择作再生稻的组合时，首先是要让再生稻能安全齐穗，即头季稻收获后至日温 23 ℃的终日期历时应有 30 天以上。其次是选择再生力强、耐寒、耐旱、耐肥、抗病、抗倒的高产组合。目前临湘市再生稻主推品种有培两优 500、岳优 93、丝优 63 和培两优 288 等。

2. 种好头稻是夺取再生稻高产的基础

应抓好以下几个环节。

（1）适当早播早插，保温培育壮秧

头季稻一般在 3 月底至 4 月初播种，最好采用旱育秧栽培，培育多蘖壮秧与双季早稻同期插秧。秧龄期长的最好采用"双两大"栽培。

（2）合理密植

头季稻适当密植是再生稻争多穗的基础。应把头季稻的高产结构建立在适当多穗的基础上，并且要建立在适当增加主穗和第一次分蘖穗的基础上。汕优 63 头季稻每亩应插 2 万蔸，争 20 万有效穗（威优 64 插 2 万～2.5 万蔸，争取 23 万有效穗），从而可使再生稻的有效穗分别达到 28 万～30 万和 30 万～35 万。为利于休眠芽的萌发生长和再生稻高产，前作稻推行"双两大"和起垄栽培效果更好。

（3）加强田间管理

为保证头季稻前期快发、中期稳长、后期健壮、适时成熟，应坚持早插早管促早发，搭起高产苗架。早管主要是要早中耕追肥，一般亩产达 500 千克的施纯 N 10 千克、P_2O_5 5 千克、K_2O 7 千克，氮、磷、钾比例为 1：0.5：0.7，基肥约占总量的

70%。分蘖肥可在插秧后 7～10 天施用；插后 15 天左右可酌情补施平衡肥。此外，还应注意以水调肥，以水调气，加强水浆管理。头季稻要适时、适度晒田硬泥，防止收割时踩坏禾蔸。头季稻后期应浅水灌溉，收割前 5～6 天排水，保持土壤湿润。提高土壤通透性，创造水、肥、气、热协调的土壤环境，增强根系活力，有利于再生稻的萌发和生长发育。加强病虫害防治，特别注意防治纹枯病、稻飞虱，保秆、保芽、防倒伏。

（4）适时收割

头季稻以成熟度 90%、叶鞘膙起、腋芽现青时收割最佳。过早收割影响头季产量；过迟收割则死芽率高，割去部分再生苗叶片，影响光合作用，使再生稻减产。收割要抢晴天进行，最好采用撩穗收割，打稻机不下田，以免伤害再生芽。

3. 再生季栽培技术

（1）集中蓄留再生稻

可减轻鼠、雀、病虫危害。

（2）适度留桩

留桩高低直接关系到再生芽存活、成活率、成穗率，也影响再生稻的生长产量。一般早、中熟常规稻，头季稻植株矮的留桩低；杂交水稻丝优 63、培两优 500、培两优 288 和头季稻植株高的以留适当高桩 30～40 厘米为好。

（3）确保一次全苗

头季稻的稻桩每蔸每株都能萌发再生芽，达到全田均衡一致，是再生稻高产栽培技术的核心部分。影响全苗的主要因素是头季稻后期病虫危害和倒伏问题。要实现全苗，就要加强水肥管理，防治病虫害，改善根部环境条件，及时追施促芽肥和保蘖肥。再生稻从头季稻收割至成熟只有 60 多天，没有明显的营养生长和生殖生长阶段。一般头季稻收割前 7～8 天，每亩施尿素 5～6 千克，促潜伏芽迅速生长发育；割后 7～8 天，每亩施 5 千克尿素保蘖，有很好的增产效果。此外，再生稻抽穗灌浆期可进行根外追肥，有利于提高结实率和千粒重。

（4）科学管水

头季稻收割期正值高温季节，收割后 3～4 天内，下午 3～4 点要注意灌水。开始为薄水层，防止高温伤苗，以后保持以湿为主、干湿交替的管水方法，抽穗—扬花阶段若遇寒露风天气可灌深水保温护苗。

（5）注意防治叶蝉、飞虱及鼠、雀危害。

第五节　福建省再生稻技术集成

1. 主栽品种

福建省种植再生稻的主推品种为 D 奇宝优 527、Ⅱ优明 86、Ⅱ优航 1 号和 Ⅱ优 1273 等。

2. 种植区域

福建省北部海拔 300 米以下单双混作区，中、南部海拔 500 米以下单双混作区均可进行再生稻生产。

3. 适时早播、培育壮秧、采取旱育秧

选择疏松、肥沃、爽水、透气、地势高和便于管理的菜地或农地做秧床，提前 7～10 天翻土，提前 1～2 天整好秧床。3 月上中旬播种，秧龄 35 天左右，叶龄 5.5～6.5 叶，中苗带 2～3 个分蘖机械插秧。

4. 严格畦栽、合理密植

畦宽 1.5 米、沟宽 26 厘米、沟深 15 厘米，每畦机插 10 行，株行距 20 厘米×23 厘米，每亩插 1.5 万～1.8 万蔸，留 5 万～6 万基本苗。

5. 早管早攻，二次烤田

头季稻基肥每亩施碳酸氢铵 35 千克、过磷酸钙 30 千克、氯化钾 10 千克。分蘖肥用再生稻专用肥 30 千克，于插后 5～7 天进行中耕结合查苗补苗后施用。而后用除草剂除草，灌 3 厘米浅

水保持 4～7 天。插后 15 天看苗补施平衡肥，每亩用尿素 3～5
千克。5 月底 6 月初在幼穗分化初期每亩用 15 千克复合肥、5 千
克氯化钾作穗肥。6 月下旬视苗情每亩施再生稻专用肥 10 千克
作粒肥。通过科学烤田，增气养根，进而壮秆保叶养芽，对头季
稻和再生稻都有明显的增产效果。在排水条件较好的低海拔中稻
区和早稻—再生稻区，实行两次烤田，分别在头季苗数达预期穗
数 70%～80% 时和头季齐穗 15～20 天时进行。在排水不良的中
稻—再生稻冷烂田，实行连续间歇烤田，即在头季稻单位面积茎
蘖数达预期穗数 70%～80% 时开始烤田，烤至田面呈鸡爪裂缝，
然后灌半沟水，畦面又露裂缝，再灌半沟水，如此重复直至控制
住无效分蘖、进入幼穗分化时灌水。

6. 适时重施促芽肥

培植再生稻需要高肥。在头季稻齐穗后 15～20 天，每亩用
尿素 20 千克作催芽肥，分两次隔天撒施。

7. 头季稻适时收割

在 300～500 米中稻区留高桩，实行留 2、保 3、争 4～5 芽
（倒节位），桩高为留头季稻株高的 1/3；在 300 米以下或"早稻
—再生稻"区留中度桩，实行留 3、保 4、争 5～6 芽。主要原因
是低海拔和双季稻区的安全齐穗期推迟，适当低留桩可增加穗
粒数。

8. 再生季水肥管理

头季收割后 3 天结合复水每亩施尿素 4～5 千克作提苗肥，
而后采取"浅水长苗、水层养穗、干湿交替"的原则。保持沟中
有水，畦面湿润。遇到"寒流"灌深水护苗保穗，"寒流"过后
渐排水，破口至抽穗期喷赤霉素和磷酸二氢钾。

9. 病虫综防

主要抓住"两虫两病"，即 5 月上中旬的二化螟，6 月上中
旬的稻飞虱，以及烤田复水后的纹枯病和秧田期、分蘖盛期、破
口抽穗期的稻瘟病。对于病虫害的防治既要勤检查测报，又要掌

握病虫的发生规律和易发病的敏感期，采取以防为主，综合防治的方针。

第六节　湖北省武穴市再生稻技术集成

再生稻是利用头季稻收获后的稻桩，经肥水管理，使休眠芽萌发，长成稻株并抽穗成熟的水稻。再生稻不需播种、育秧和插秧，不需耕犁耙田，省种、省工、省肥、省水、省药，投资少，生长期短，亩产达 350 千克以上。其技术要点如下：

1. 品种组合选择

适合武穴市作再生稻高产栽培的品种有香两优 1 号、天优华占、A 优 338 和黄华占等。

2. 种好头季稻

（1）适时早播，培育壮秧

头季稻早播、早栽、早收，才能保证再生稻生长和安全齐穗。武穴市一般在 3 月底至 4 月 5 日前播种。早播田块，可采用无盘旱育秧方式，进行双膜覆盖；还可采用塑料软盘育秧抛栽。

（2）采取适宜的种植方式

一般田块，采用宽窄行种植；冬闲田可推广半旱式栽培模式。一般每亩插足 1.8 万穴，规格采用 13 厘米×（20＋33）厘米，每穴栽插 2 株。还可以采用水稻抛秧栽培方式，每亩抛栽 2 万穴。

（3）合理施肥

头季稻一般亩施纯 N 12 千克、P_2O_5 6 千克、K_2O 10 千克，重施分蘖肥。前期浅灌，有效分蘖达到预期时晒田，控制无效蘖生长。注意防治纹枯病、稻瘟病、稻飞虱、三化螟等病虫。

（4）适时足量施好促芽肥

头季稻齐穗后的 15～20 天（即收获前 10～15 天），是再生芽分化时期，每亩施用尿素 7～15 千克，促进休眠芽的生长。

（5）适时收割

头季稻以黄熟期收获为宜，武穴市一般于 8 月 15 日前后收获。留桩高度直接影响再生稻生育期：留桩矮，生育期长，留桩高，生育期短，一般以保留倒二芽，争取倒三、倒四节芽为原则。留高度 30～40 厘米比较适宜。早收割的稻桩适当留低，迟收稻桩则可适当留高。

3. 再生稻管理

（1）适时施肥

头季稻收割后，及时清除杂草，扶正稻桩，每亩施尿素 7～10 千克，促进早生快发，争取苗齐、苗匀，保证有足够的苗数。在破口至抽穗期，采用根外施肥，每亩用赤霉素 1 克，加白米醋 0.25 千克、磷酸二氢钾 0.1 千克，对水 50 千克喷施；在抽穗达 1/3 时，再用赤霉素 0.5～1 克，加尿素 0.2 千克，对水喷施。

（2）合理灌溉

头季稻收获后 10 天内，是再生稻分蘖生长时期，应保持田间湿润。田间干燥和积水都会影响稻桩的发芽力。收割后 24～30 天，再生稻进入抽穗—扬花期，田面保持浅水。灌浆期田面保持干干湿湿，以利养根保叶、籽粒充实饱满，提高产量。

（3）及时防治病虫害

再生稻在齐苗以后，主要采用物理方法防治二化螟、三化螟、稻飞虱等害虫和稻穗颈瘟、鼠雀为害，提高再生稻米品质。

第七节　湖北省洪湖市再生稻技术集成

1. 主要做法

（1）培育再生稻主产区

近几年，当地通过示范推广、摸底调查，认为发展再生稻是促进粮食增产、农民增收的有效措施。重点将沙口、汉河、万全等中稻主产区作为再生稻产区进行培育。同时重点扶持在全市有一定影响，技术、资金实力比较雄厚的万全碧野农机专业合作社、曹市原野农机专业合作社和曹市江华水稻种植专业合作社，整合涉农项目资金 50 多万元，建设育秧工厂。通过农机购置补贴扶持沙口镇涌泉水稻种植专业合作社、螺山沃野农机专业合作社共建保温育秧基地 200 多亩，并积极鼓励全市农技和农机服务人员开展商品化集中育秧服务，解决农民种植再生稻育秧难的问题，大大调动了农民发展再生稻的积极性。

（2）宣传提高认识

为了大面积发展再生稻种植，当地将再生稻的发展优势通过媒体进行宣传，并通过组织现场会议、参观、巡回讲解、发放技术资料等形式进行广泛宣传，提高农民对再生稻的认识，增强农民发展再生稻的积极性与自觉性。

（3）农机农艺结合

为确保再生稻生产取得成功，并得到农民认可，当地在每一个再生稻示范片做一个机插秧与人工移栽的对比试验，直接向农民朋友展示农机与农艺相结合的优势。2017 年全市 5 万余亩再生稻均为集中育秧、机插秧。

（4）种粮大户带动散户规模

再生稻种植是一项省工省时、省本、高效、操作简单的生产方式，为了将再生稻发展壮大，洪湖市以种粮大户为突破口，重点组织沙口、万全、曹市、螺山等乡镇水稻种植面积超过 50 亩的农户到再生稻种植规模较大的乡镇进行现场观摩，开展再生稻高产栽培技术培训，宣传再生稻生产的优势。通过种粮大户的示范带动，辐射一般种粮户。截止到 2017 年，全市再生稻种植面积达到 5 万余亩。

（5）行政力量推动

为了充分发挥行政主导作用，从 2010 年开始洪湖市政府将再生稻种植任务进行分解，并纳入农业经济工作责任制考核体系，做到年初有规划、中途有督导、年终考核结硬账，对发展再生稻生产较好的乡镇分别给予 2 万元的资金奖励。工作落实不力的乡镇，将会直接影响其在经济工作考核中的排名。

2. 主要栽培技术

（1）选用良种

在品种上选择高产、优质、耐肥、抗病、抗倒伏、分蘖能力适中、再生能力强、头季稻生育期在 130 天左右的中稻品种。

（2）合理密植

再生稻是开发利用头季稻的腋芽，因此，合理密植、保持每亩一定的有效穗数，既是头季高产的基础，也是再生稻高产的基础，一般头季稻每亩密度 1.6 万～1.8 万蔸，每蔸两粒谷。一般采取机械移栽、机械直播，或者抛秧来增加密度。

（3）卡好"两期"

抓好"两期"，即头季稻播种期和收割期，确保再生稻安全齐穗。洪湖市再生稻安全齐穗期和晚稻相同，为 9 月 10 日。由于再生稻生育期一般只有 60 天，再生苗在出苗后 30 天即进入齐穗期，因此头季稻收获不能迟于 8 月 10 日。如果品种生育期为 130 天，则播种期应安排在 4 月 2 日前。随着头季稻品种生育期延长，播种期也应该相应提前。

（4）抓好田管

俗话说"三分种，七分管"，因此在抓好品种、密度、播期的同时，还应狠抓田间管理。

① 管好"两水"，即"催芽水"和"提苗水"。再生稻栽培，在头季稻齐穗后 17～20 天腋芽就可萌发，同时幼穗分化，此期间要灌一次水，再让水层自然落干，直到头季稻收获。"催芽水"既有利于养根，也促进再生芽萌发生长。头季稻收获后三天内，

再生苗基本都已抽出，要及时上水提苗，因此也叫"提苗水"。采取干湿管水，直到再生稻收获。

② 施足"两肥"，即"催芽肥"和"提苗肥"。头季稻生长进入灌浆期，稻株体内的营养物质开始向穗部转移，因此在灌"催芽水"的同时施好"催芽肥"，保持头季稻叶青籽黄，防止稻株体内营养过度转移，造成腋芽因营养不足而丧失再生能力。一般每亩施尿素 20～25 千克。如果头季稻钾肥施用不足，在施"提苗肥"时每亩配施 5 千克钾肥，效果更好。"提苗肥"就是在头季稻收获三天内，结合灌"提苗水"再施一次肥料，一般每亩施尿素 20～25 千克。

③ 防治好"两病两虫"，即防治好水稻纹枯病、稻瘟病和二化螟、稻飞虱。

④ 搞好化学调控。根据头季稻及再生稻的生育进程及气候情况，决定是否使用赤霉素。如果头季稻前期气温低，不能在 8 月 10 日前收获，可能影响再生稻安全齐穗，则在头季稻孕穗末期每亩施用赤霉素 2 克，对水 50 千克叶面喷雾，以加快生育进程。根据再生稻生育进程和天气预报，如果再生稻不能在寒露风到来之前齐穗，则要在再生稻孕穗末期每亩施用赤霉素 2 克，对水 50 千克叶面喷雾，确保再生稻安全齐穗。

3. 田间注意事项

（1）适时收获头季稻

要求头季稻籽粒 90%～95%成熟变黄时，及时收割。

（2）注意高留桩

一般留桩 35～40 厘米。

（3）头季稻收获

如果是人工收获，要及时将稻穗移出稻田，防止因稻草塌桩而影响出苗。如果是机械收割，最好选用履带式收割机，虽然压面较大，但压强小，对水稻根系影响不大，有利于争取基部腋芽再生。同时要将稻草及时打碎，直接还田。

第八节 湖北省当阳市再生稻技术集成

再生稻种植是指第一季水稻收割后，利用稻桩的腋芽，再次生长、抽穗，大约2个月后再次成熟、收割的水稻种植方式。再生稻颗粒要比第一季稻谷小一些，但是稻穗数要比一季的多，因而产量也不少。头季加再生季产量总计通常比一季稻的产量增加25%（头季平均亩产600千克，再生季平均亩产150千克）对粮食增产有重要意义。水源条件好的田块适合再生稻种植。适宜做再生稻的品种，必须具备早熟、头季稻产量高、再生能力强、抗病耐肥等特点。湖北当阳地区属亚热带季风气候，为湿润区，四季分明，雨热同季，兼有南北过渡的特点，该地区再生稻种植技术要点如下。

1. 品种选择

选择早熟、头季产量高、再生能力强的杂交中稻品种，熟期在130天左右，如丰两优香1号等。

2. 种子准备

稻种催芽备播。常规催芽时，把经浸种消毒的种子捞起滴干水后，用35～40℃温水洗种预热3～5分钟，后把谷种装入布袋或箩筐，四周可用农膜与无病稻草封实保温，一般每隔3～4小时发一次温水，谷种升温后，控制温度在35～38℃，温度过高要翻堆，经20小时左右可露白破胸，谷种露白后调降温度到25～30℃，适温催芽促根，待芽长半粒谷、根长1粒谷时即可备播。

3. 秧田准备和用种量

选用背风、向阳、高肥和避人畜危害的田块作为秧田；播种前施足底肥，每亩施1 000千克腐熟畜肥、45%复合肥25千克；每亩大田用种量：手插秧1千克种子，抛秧1.5千克种子，机插秧 1.75 千克种子。

4. 苗床管理

播种后，及时盖小拱膜。出苗后，晴天通风，雨天遮盖防雨。

5. 培育壮秧、合理密植

秧龄抛秧 20～25 天，机插秧 18～25 天，手插秧不超过 30 天；秧苗 2 叶 1 心时每亩施 7.5 千克尿素作断奶肥，移栽前 5 天每亩施 5 千克尿素作送嫁肥，插秧前防治病虫害一次；手插秧和抛秧在秧苗 2 叶 1 心时每亩用 60～80 克的多效唑喷施，做到促根、增蘖、壮苗。移栽秧龄大小与普通中稻栽培方法一致；每亩抛秧 15 000 蔸以上，机插每亩 15 000 蔸以上、每蔸插 2 粒谷以上的秧苗。

6. 科学施肥

头季肥料充足，不仅产量高，再生稻发苗也多，产量也高。大田每亩施 45％复合肥 50 千克作基肥；移栽后 5～7 天内，结合施用除草剂每亩追施尿素 12 千克作分蘖肥；晒田复水后，每亩追施 5 千克尿素加 10 千克钾肥或 10 千克复合肥加 10 千克钾肥作穗肥。收割前 7～10 天，每亩施 45％复合肥 10 千克、尿素 10 千克作促芽肥。

7. 大田管理

参照一般水稻栽培管理，做好水肥和病虫防治的管理工作。

8. 收获

当头季水稻成熟度为 80％～90％时收获；头季一定要保持青秆收割，否则无再生能力。收获时稻田要求较干，能承载起收割机，不能让稻桩压入泥中，为保护再生芽，要严防稻桩损伤。留桩高度宜 20 厘米左右。

9. 再生稻管水

再生稻怕水淹，水淹头季稻桩容易腐烂；再生稻怕干，干旱没有再生能力。收获后晒 2 天，复水，水深 1～2 厘米（不能太深），让其自然落干，后期让其干干湿湿即可。

10. 再生稻施肥

当再生稻复水后 2～3 天，每亩施尿素 10 千克，促进再生稻多分蘖。抽穗期至齐穗期喷施 1‰～2‰的磷酸二氢钾溶液提高结实率和千粒重。

11. 再生稻收割

再生稻的上位芽萌发早，分化时间长；而下位芽萌发迟，分化时间短。因此，抽穗前期分化较慢，后期分化较快，这种特性决定了再生稻上下位芽生育期长短不一，抽穗成熟度参差不齐，造成青黄谷粒相间，故应根据天晴状况全田成熟后再收割。

第九节　湖北省荆州市再生稻
技术集成

荆州市是全国重要的水稻生产基地（图 6-1），为进一步提高粮食生产能力、充分利用江汉平原的温、光、水资源，发展再生稻生产是增加粮食产量的有效途径。荆州市推广再生稻生产的主要做法如下。

1. 选择早熟高产品种是发展再生稻的基础

根据多年的试验示范，再生稻应选用新两优 6 号、丰两优香 1 号等优质早熟高产品种。

2. 适当早播、早管、促早发是再生稻栽培的关键

（1）适时早播，培育壮苗

头季稻必需早播、早栽、早收，才能保证再生稻生长和安全齐穗。荆州市一般在 3 月下旬播种。早播的田块，可采用地膜育秧，还可采用塑料软盘育秧。

（2）合理密植

一般人工插秧或机械插秧密度以 1.6 万～1.8 万穴/亩为宜。抛秧密度以 1.8 万～2.0 万穴/亩为宜。

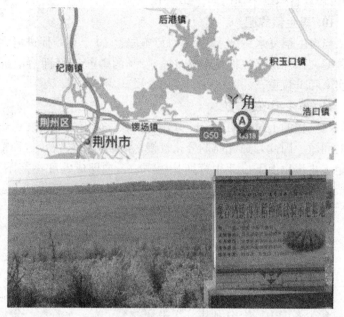

图 6-1 荆州市再生稻种植示范基地（朱建强 供）

（3）配方施肥，科学管水，综合防治病虫害

实行测土配方施肥，头季稻施用纯氮 12 千克/亩。每亩达到 18 万苗时及时晒田，减少无效分蘖，复水后湿润管理。做好病虫测报，重点防治纹枯病、稻纵卷叶螟和稻飞虱等。

（4）适时收割

一般头季稻以黄熟期收获为宜，通常在 8 月 15 日前后，收获时保护好稻桩。留桩高度直接影响到再生稻生育期，保留倒二节芽争取倒三、倒四节芽为原则，故高度 30～40 厘米比较适宜。

3. 再生稻管理

（1）早施肥

头季稻收割后，及时清除杂草、扶正稻桩，每亩施用尿素 10～12 千克，促进早发，争取苗齐苗匀，保证有足够的苗数。

在破口至抽穗期，采用根外施肥，增粒重。对于抽穗偏迟的田块，每亩可喷施赤霉素 1～2 克、磷酸二氢钾 100～150 克和尿素200 克混合溶液 30～45 千克。促进抽穗整齐，提高结实率，增加有效粒数和千粒重，增加产量。

（2）科学管水

头季稻收获后一周内，是再生蘖生长时期，应保持田间湿润，田间干燥和积水都会影响稻桩的发芽力。收割后 25 天，再生稻进入抽穗扬花期，田面保持浅水。灌浆期田面保持干干湿湿，以利于养根保叶、籽粒充实饱满，提高产量。

（3）及时防治病虫害

再生稻齐苗后，要注意及时防治稻飞虱、卷叶螟等害虫和稻曲病、纹枯病。为保证再生稻米品质，尽量减少农药施用，以物理防治为主。

第七章　再生稻新型生产模式

党的十八大报告明确提出，要坚持和完善农村基本经营制度，依法维护农民土地承包经营权、宅基地使用权、集体收益分配权，壮大集体经济实力，发展农民专业合作和股份合作，培育新型经营主体，发展多种形式规模经营，构建集约化、专业化、组织化、社会化相结合的新型农业经营体系。

新型农业经营体系是指大力培育发展新型农业经营主体，逐步形成以家庭承包经营为基础，专业大户、家庭农场、农民合作社、农业产业化龙头企业为骨干，其他组织形式为补充的新型农业经营体系。构建新型农业经营体系，大力培育专业大户、家庭农场、专业合作社等新型农业经营主体，发展多种形式的农业规模经营和社会化服务，有利于有效化解这些问题和新挑战，保障农业健康发展。

党的十九大报告提出，保持土地承包关系稳定并长久不变，第二轮土地承包到期后再延长三十年。这一政策安排反映了广大农民的期盼，给农民带来实实在在的好处。农民既可以沉下心来搞生产，又可以放心流转土地经营权，还可以安心进城务工。新型农业经营主体的预期也更稳定，可以放心投入、扩大生产、改善农田设施条件，有利于形成多种形式的适度规模经营，推进中国特色农业现代化。

第一节　家庭农场

家庭农场是指以家庭成员为主要劳动力，从事农业规模化、集约化、商品化生产经营，并以农业收入为家庭主要收入来源的新型农业经营主体。2008 年的党的十七届三中全会报告第一次将家庭农场作为农业规模经营主体之一提出。随后，2013 年中央一号文件再次提到家庭农场，鼓励和支持承包土地向专业大户、家庭农场、农民合作社流转。

1. 家庭农场优势

（1）在中国，家庭农场的出现促进了农业经济的发展，推动了农业商品化的进程，有效地缩小了城乡贫富差距。

（2）家庭农场以追求效益最大化为目标，使农业由保障功能向盈利功能转变，克服了自给自足的小农经济弊端，商品化程度高，能为社会提供更多、更丰富的农产品。

（3）家庭农场比一般的农户更注重农产品质量安全，更易于政府监管。

2. 家庭农场发展瓶颈

（1）中国对家庭农场缺乏清晰的定义。

（2）难以得到相应的扶持政策，缺乏更新设备和改善农田基础设施的资金投入。

（3）融资难是制约家庭农场发展的一大障碍。

（4）土地流转不规范，难以获得相对稳定的租地规模。

3. 家庭农场实施建议

（1）探索建立注册登记制度，扶持专业大户、家庭农场逐步成为具有法人资格的市场主体。

（2）对符合以上条件的规模经营主体，给予政策扶持，同时接受行政部门的管理与监督。

（3）加紧落实好土地承包经营权确权登记工作，建立规范的土地流转机制。

（4）应通过规范土地流转合同、引入事前准入审核、事中监督管理诸机制，规范土地流转过程，保护流转双方的权益。

4. 典型家庭农场——金穗家庭农场

金穗家庭农场位于湖北省荆州市沙市区观音当镇丫角村（图7-1、图7-2），农场主人为郭二生夫妇，均为本地人，共计流转水田1 000多亩，分布在318国道两侧，种植中稻和再生稻。通过多年经营，农场主逐步购置了旋耕机1台、施肥机1套、久保田联合收割机2台，并自建谷仓300米²、晾晒场1 000米²（图7-3），初步形成种植、收获和储运的生产体系。2014年，金穗家庭农场被湖北省农业厅授予"示范家庭农场"的称号，连续5年被评为荆州市"先进单位"。

图7-1　荆州金穗家庭农场（李继福 摄）

图7-2　金穗家庭农场磅台和管理中心（李继福 摄）

图 7-3　金穗家庭农场粮库（李继福　摄）

近年来，随着再生稻种植模式的迅速发展，金穗家庭农场将再生稻种植面积从 2016 年的 300 亩提高到 2017 年的 500 亩。再生季水稻不使用农药，以物理防治为主。同时，农场主积极参加湖北省农业厅主办、长江大学农学院协办的新型职业农民培训班，通过学习和实践，成功注册"金穗再生稻"品牌，以增强农产品溢价能力，提高种植收益。

第二节　农民合作社

农民合作社是在农村家庭承包经营基础上，同类农产品的生产经营者或者同类农业生产经营服务的提供者、利用者，自愿联合、民主管理的互助性经济组织。农民合作社以其成员为主要服务对象，提供农业生产资料的购买，农产品的销售、加工、运输、贮藏以及与农业生产经营有关的技术、信息等服务。

1. 具备条件

（1）有五名以上符合《中华人民共和国农民专业合作社法》规定的成员。

（2）有符合《农民专业合作社法》规定的章程。

（3）有符合《农民专业合作社法》规定的组织机构。

（4）有符合法律、行政法规规定的名称和章程确定的住所。

（5）有符合章程规定的成员出资。

2. 设立程序

（1）发起筹备。

（2）制定合作社章程。

（3）推荐理事会、监事会候选人名单。

（4）召开全体设立人大会。

（5）组建工作机制。

（6）登记、注册。

3. 遵循原则

（1）成员以农民为主体。

（2）以服务成员为宗旨，谋求全体成员的共同利益。

（3）入社自愿、退社自由。

（4）成员地位平等，实行民主管理。

（5）盈余主要按照成员与农民专业合作社的交易量（额）比例返还。

4. 典型农业合作社——春露农作物种植专业合作社联合社

春露农作物种植专业合作社联合社位于湖北省洪湖市经济开发区，由洪湖市涌泉种植专业合作社发起，集农技、农机、农资、植保等 30 多家农民专业合作社和粮食加工企业共同组成，依托洪湖市独特自然生态环境和资源优势，开展再生稻种植、加工、销售，推进再生稻全产业链开发。

联合社于 2013 年 10 月登记注册（图 7 - 4），注册资本 1 393 万元，社员 3 450 人，拥有农艺师等专业技术人员 39 人。联合社现已流转耕地面积 9.75 万亩，生资仓库 6 000 米², 智能育秧大棚 225 个（74 250 米²），温室催芽室 6 间 800 米²，耕整机械 117 台套，植保飞机 6 架，乘坐式收割机 32 台套，粮食烘干设备 2 组，水泥晒场 1.3 米²，粮食仓库 3 万米² 和 1 个粮食加工厂。

图 7-4　春露农作物种植专业合作社联合社

　　为深度开发再生稻产业，解决资金和销售难题，联合社与湖北惠民农业股份有限公司联合组建洪湖市惠春农业科技有限公司，形成"联合社＋合作社＋基地＋农户＋公司"的经营模式，构建新型农业经营服务主体，以"整合资源、科技兴农、服务惠民、致富圆梦"为理念，按照统一技术培训与指导、统一生产资料供应、统一绿色防控、统一农机服务、统一产品收购与销售、统一效益核算"六统一"模式，为社员提供产前、产中、产后服务。目前，联合社种植再生稻3万亩，辐射带动全市发展再生稻16万亩。2015年获"荆州市现代农业示范园""湖北省农民合作社示范社"等荣誉称号。

　　为打造洪湖再生稻品牌，提升市场竞争力，联合社向国家工商总局注册了"洪湖春露"和"洪湖荷莲香"两个商标（图7-5），"洪湖春露再生稻香米""洪湖荷莲香鱼虾稻香米"等四个产品已获农业部绿色食品认证。"洪湖再生稻米"获中国农产品地理标志产品，并获得"第十五届中国绿色食品博览会金奖""第十一届中国武汉农业博览会金奖""湖北省2014年首届楚合农产品金奖"等荣誉称号。

图7-5 春露农作物种植专业合作社联合社产品

第三节 农业产业化龙头企业

农业产业化龙头企业是指以农产品加工或流通为主，通过各种利益联结机制与农户相联系，带动农户进入市场，使农产品生产、加工、销售有机结合、相互促进，在规模和经营指标上达到规定标准并经政府有关部门认定的企业。包括国家级龙头企业、省级龙头企业、市级龙头企业、规模龙头企业。

1. 农业产业化龙头企业发展总体思路

坚持为农民服务的方向，以加快转变经济发展方式为主线，以科技进步为先导，以市场需求为坐标，加强标准化生产基地建设，大力发展农产品加工，创新流通方式，不断拓展产业链条，推动龙头企业集群集聚，完善扶持政策，强化指导服务，增强龙头企业辐射带动能力，全面提高农业产业化经营水平。

2. 农业产业化龙头企业发展基本原则

坚持家庭承包经营制度，充分尊重农民的土地承包经营权，健全土地承包经营权流转市场，引导发展适度规模经营；坚持遵循市场经济规律，充分发挥市场配置资源的基础性作用，尊重企业与农户的市场主体地位和经营决策权，不搞行政干预；坚持因地制宜，实行分类指导，探索适合不同地区的农业产业化发展途径；坚持机制创新，大力发展龙头企业联结农民专业合作社、带动农户的组织模式，与农户建立紧密型利益联结机制。

3. 农业产业化龙头企业发展主要目标

培育壮大龙头企业，打造一批自主创新能力强、加工水平高、处于行业领先地位的大型龙头企业；引导龙头企业向优势产区集中，形成一批相互配套、功能互补、联系紧密的龙头企业集群；推进农业生产经营专业化、标准化、规模化、集约化，建设一批与龙头企业有效对接的生产基地；强化农产品质量安全管理，培育一批产品竞争力强、市场占有率高、影响范围广的知名品牌；加强产业链建设，构建一批科技水平高、生产加工能力强、上中下游相互承接的优势产业体系；强化龙头企业社会责任，提升辐射带动能力和区域经济发展实力。

4. 典型涉农企业——江西东方锦程现代农业有限公司

江西东方锦程现代农业有限公司，位于江西省共青城市，2015 年成立，公司法人代表和创始人是郝春，经营范围包括农产品、花卉、苗木种植、销售等（图 7-6）。2015 年，郝春放弃大城市的优越生活返回共青城市金湖乡贫困村江流村，与一批志同道合者成立江西东方锦程现代农业有限公司，打造"共青源"新型农业品牌，致力于"共青源"千亩再生稻的精准扶贫之路。

江西东方锦程现代农业公司和共青城"共青源"再生稻专业合作社采取"公司＋农户"的形式精准扶贫。部分农户在获得田租的同时被公司聘用为工作人员，部分农户按公司要求种植再生稻，公司定价收购，成为合作社社员。公司常年聘用农民有 6人，日工近 30 人，直接推动了 1 个贫困村 236 户农家的脱贫进

图7-6 "共青源"再生稻精准扶贫调研团与社员合影

程。在推出"共青源"再生稻的基础上，还逐步推出"共青源"绿板鸭、"共青源"菜籽油等绿色衍生食品。现在，他们还推动了"共青源"农场的马场众筹项目计划，可以为当地贫困农民获得更多发展、更多受益、更多增收，进行精准扶贫。

第八章 再生稻产业展望

再生稻种植是一种资源节约型、生态环保高效型的稻作制度，有利于提高复种指数和稻田的综合生产能力。作为一种轻型栽培方式，具有生育期短、日产量高、米质优、省种、省工、节水等优点。据测算，我国南方稻区有 2 亿亩单季稻田，其中有 5 000 万亩单季稻田（一季光温资源有余、两季不足）适宜种植再生稻，若进行再生稻种植每年可增产稻谷 2 000 万吨。结合常规育种技术与分子育种技术，培育高产、优质、多抗、强再生力和适合于机械化操作的水稻新品种，多学科交叉、协作攻关，将进一步推动再生稻在生产上的应用，为保障国家粮食安全，确保粮食增产贡献一份力量。发展再生稻技术可作为确保我国未来粮食安全的一大技术储备。

当前，我国再生稻高产还面临一些限制因素，主要表现在 4 个方面：①大面积水稻种植产量不平衡。其主要原因在于头季稻插秧密度不合理、催芽肥施用不当和休眠芽大量死亡造成有效穗数不足。②头季稻机械收获对产量的影响。再生稻头季机收会导致再生季水稻减产 8%～30%。为便于大型联合收割机行走，稻田需要在头季稻收割前 10～15 天排水，而此时正值高温天气，会加速再生芽的死亡率。收割机频繁行走碾压稻桩，也影响再生芽的萌发生长。③再生季水稻开花期间的低温危害。籼稻正常开花的临界日均气温是 22 ℃，再生季水稻结实率稳定在 70% 以上的临界日均气温是 21 ℃，确保再生稻避免低温影响的关键措施是保证再生稻在低温来临前达到齐穗状态。④再生稻收获期连阴雨的影响。江南和华南 11 月份的连阴雨天气，会造成再生稻不能及时收获、晾晒，使得籽粒发芽霉变，影响产量和品质。基于上述现状，我们对再生稻发展的理论和技术研究进行了展望，以促使更多科研工作者、企业和农户去关心和壮大再生稻产业。

第一节　再生稻理论展望

1. 水稻再生性遗传与育种技术研究

水稻品种是蓄留再生稻的基础。当前选育再生稻品种的主要途径是从种植表现较好的中稻和晚稻中筛选，适宜品种数量不多，这直接限制了再生稻的应用推广。在相同的生态和农艺措施条件下，品种的再生力受到遗传基因控制。我们要培育强再生力的品种资源，通过加强和控制品种再生力的基因测定并标记，深入研究品种再生力的遗传规律，同时开展分子育种研究，有目的地进行杂交配组，加快再生稻品种的选育进程。

再生稻育种可采用两个途径获得再生性源：一是把普通野生稻强的再生性导入栽培稻，二是通过籼粳杂交诱导强的再生性。选育方法如下：从 F_1 代开始进行，选择头季稻根系发达、耐衰性强的优良单株，种子材料按系谱法种植，按目标材料挖取老种茎，留茬 20～30 厘米，单株插植，对再生稻地下分蘖数、株高、每穗粒数、千粒重、产量、生育期进行观察鉴定，选择再生力中等以上的材料；然后进行再生稻品系的鉴定评价，对再生稻品系及配制的杂交稻组合进行小面积种植，按再生率评价标准进行评价。此外，我国野生稻资源丰富，普通野生稻具有极强的地上及地下分蘖性，通过野栽杂交进行再生稻育种材料创新，利用分子生物学方法从野生稻鉴定及克隆再生基因同样具有广阔的前景。

2. 生态与农艺措施协作研究

头季稻生长后期的营养水平与再生力密切相关，再生芽萌发生长及其产量形成同时受气候、水稻品种、土壤肥力、栽培技术等制约。因此，以代表性品种为材料，采用人工气候室与大田分期播种相结合的方法，通过本田栽秧密度、肥料运筹、栽秧方式和水分管理等的调节，研究头季稻生长后期的生理基础、生态条件与冠层性状、纹枯病发生、再生芽生长及两季产量的综合作用，进一步揭示制约再生稻高产、高效的关键因子与多因素互作机制，为科学制定关键栽培技术和提高肥水利用效率提供指导。

再者，再生稻依赖头季残留的根系吸收水分、养分和合成氨基酸以及根源激素，其产量与残留根系的易存关系十分密切，且头季稻后期及收割后的根系机能直接影响再生稻休眠芽的萌发和生长。但目前对再生稻根系的系统性研究较少。头季稻根系对再生稻的生长发育起主导作用，再生稻新根只起辅助作用。因此，为进一步提高再生稻产量，需要加强再生稻的根系研究，并着重探明提高头季稻和再生季的根量和根系活力及其与产量的关系与调控技术。

3. 再生芽的萌发调控途径研究

四川、重庆常年再生稻大面积平均产量为 1 800 千克/公顷左右，主要原因是有效穗不足，为头季稻有效穗数的 65%～70%。造成有效穗数低的直接原因，一是因螟虫或纹枯病导致枯茎率较高，二是杂交中稻收割后再生芽停滞于母茎鞘中，再生芽未死，也未出苗。因此，在搞好螟虫、纹枯病的防治工作基础上，降低再生芽未出苗率以提高再生稻的有效穗数，是再生稻进一步高产的重要途径。

4. 提高再生稻肥料利用效率的技术研究

再生稻的肥料利用效率特别是氮肥利用效率极低。如四川、重庆再生稻大面积施氮量为 105～140 千克/公顷，为头季稻施氮量的 77%～87%，但再生稻产量不足头季稻的 25%。由于再生稻促芽肥在头季稻齐穗后施用，对头季稻籽粒灌浆结实有一定作用，是否可以适当减少头季稻前期和中期施氮量尚不明确。因此，若把"头季稻—再生稻"作为一个整体，采用统筹的肥料施用方案加以研究，并在每个施肥环节均通过测苗确定施氮量，可望进一步提高再生稻的肥料利用效率。

5. 头季—再生稻种植的生态效应

多年种植发现，作为颇具南方特色稻作制度的再生稻，一方面可以充分利用有限的光温资源、提高单位面积稻田复种指数和总产量，另一方面，与"早稻＋连晚"相比，再生稻可破坏二化螟等虫害和纹枯病等病害的适宜生存环境，从而减少农药用量、大大降低农业面源污染，也可降低稻米中重金属含量。有学者研究发现，种植再生稻可用于中、轻度镉污染土壤的修复。可见，再生稻还具有降低稻田污染、保障稻米安全的重要生态功能，但目前关于再生稻在降低稻田污染、保障稻米安全方面的生态评价还较少。因此，开展再生稻生态补偿机制和作用的研究，通过大量的科学试验证明其在生态补偿方面的作用，可为再生稻补贴政策的制定提供依据，也有利于促进再生稻的推广，稳定和发展再生稻种植面积，从而充分发挥其在保障我国粮食安全和土壤污染修复中的重要作用。

第二节　再生稻技术展望

1. 适应机械插秧与收割的再生稻配套技术研究

现阶段，再生稻生产中的头季稻收割问题已经成为制约再生稻种植推广的瓶颈。再生稻机收效率高，但传统收割机由于为了更好适应湿软田间作业条件，履带宽度与割幅的比值较大，对留茬碾压率高达 30％～40％，直接造成再生季稻米产量和品质下降，经济效益降低。因此，首要考虑在设计再生稻收割机底盘时应要求具备低碾压率。其次，再生稻头季收获时田间含水率较高，故同时需要底盘能在湿软田间具备良好的通过性。最后，再生稻有高留茬的需要，故设计底盘时应考虑其有足够高的离地间隙。

目前，关于机插、机收情况下的再生稻技术研究极少。近年随着机插、机收在再生稻区的示范推广，由于其对再生稻的种植有较大的制约作用，如机插使头季稻生育期延长、机收影响再生稻发苗等，开始引起生产部门的极大关注。而机插、机收又是水稻生产发展的大趋势，因此开展适应机插、机收的再生稻配套技术研究十分必要。应重点从水稻品种类型、收割机型选择、头季稻排水时机、灌溉技术及留桩高度等方面开展工作。

2. 精准农业助推再生稻产业发展

"精准农业"（Precision Agriculture），指的是利用全球定位系统（GPS）、地理信息系统（GIS）、连续数据采集传感器（CDS）、遥感（RS）、变率处理设备（VRT）和决策支持系统（DSS）等现代高新技术，获取农田小区作物产量和影响作物生长的环境因素（如土壤结构、地形、植物营养、含水量、病虫草害等）实际存在的空间及时间差异性信息，分析影响小区产量差异的原因，并采取技术上可行、经济上有效的调控措施，区域对待，按需实施定位调控的"处方农业"。

目前精准农业技术体系碰到的困难，主要是由于基础研究不足，推广有些超前造成的，一些理论依据不是特别充分和不够量化的技术，如单纯基于土壤网络采样和目标产量的变量施肥技术，被不适当地过分重视和推广。信息获取和可靠的决策支持系统是目前精准农业研究的两个主要难点，也是未来至少10年内精准农业研究的主要内容和突破口。无论从我国农业集约化较低的现状出发，还是从新的农业经营主体的蓬勃涌现、土地流转面积的持续增加，以及从近年来农机应用数量的快速增长，都可以看出我国农业机械化、信息化的紧迫形势和发展趋势，可以预见，我国精准农业应用市场潜力巨大。应根据我国农业发展所面临的资源环境问题，走具有中国特色的精准农业发展之路，实现我国农业的可持续发展。

据农业部统计，2012 年年底全国家庭经营耕地流转面积 2.7 亿亩，流入工商企业耕地面积为 2800 万亩，虽然对总量来说不是很大，但这个趋势发展很快，比 2009 年增加 115%，占流转总面积的 10.3%。资本进入农业，可以带来资金、技术以及农业经营新理念，一定程度上有利于农业现代化。农机应用数量庞大，近年来增速很快。2012 年国内现有大中型拖拉机 490 万台，其中水稻插秧机 50.7 万台，大型农机产量连续 6 年保持 20% 以上的增速。因此，与之配套的自动导航和驾驶系统市场前景巨大。再生稻种植具有天然的大规模效益优势，高精度导航定位技术、自动驾驶技术、机械控制等方面的技术日益成熟，为卫星导航设备在大型农机控制上推广应用创造了基础条件和巨大的应用市场，使我国精准农业的发展拥有非常广阔的前景。

3. 再生稻的品牌化研究与实践

随着我国经济快速增长和现代农业发展，居民的收入水平不断提高，健康安全意识不断增强。与居民消费需求相适应，近年来农产品市场也发生了很大变化。比较明显的是，超市、连锁店以每年 30% 的增长速度取代着传统的农贸市场。而对进入超市的农产品，各地都制订了严格的商标和品牌标准。可以预见，今后没有商标、没有品牌的农产品，将很难进入消费主渠道。再生稻的稻米具有安全、环保、品质高、食味佳等特点，具备打造品牌的良好基础。建议种子企业和大米加工企业开展强强联合，开展独具特色的再生稻米品牌建设，形成从种到收、从加工到贸易一条龙式的产业链条，开展订单式生产、规模化生产、集约化生产、标准化生产，进一步提高再生稻的应用推广范围和经济效益。

当前，我国再生稻品牌建设还存在以下 4 个方面的问题。

（1）龙头企业数量少，规模小，牵动性弱

市场上比较响亮的从事再生稻产业的企业还没有形成。

（2）品牌意识薄弱

受传统农业生产经营观念的影响，当前许多农业生产者经营的核心仍然是农产品，而不是品牌。品牌意识淡薄，加之品牌建设风险高、费用投入大，品牌效益短期内难以显现，企业创新品牌的积极性不高，不仅制约了新的品牌产生，而且导致一些历史品牌逐渐衰弱。

（3）农业标准体系和农产品质量认证体系建设有待加强

农业生产经营者对标准化生产、品牌经营和商标注册等认识不足，加之农业标准化及农产品质量认证体系建设滞后、多头认证等，不同程度地影响了农产品品牌的建设。

（4）农产品加工包装发展滞后

我国再生稻农产品加工业近几年虽有较快发展，但仍显滞后。突出问题是结构不合理、规模小、加工层次低。粮食中仍有70％以上以原粮方式出售，一些经过初级加工的产品，因加工不细、包装不精，给人以档次较低和质量不高的印象，从而直接影响到品牌的附加价值，也对品牌创建形成一定制约。

随着农业经济发展和农产品市场化程度的不断提高，农业品牌化发展的氛围已经形成。实践表明，实施农产品品牌建设，是现代农业发展的必由之路，同时也是拓宽农民就业渠道、促进农民增收和农业结构调整、提高农产品市场竞争力的根本保证。围绕再生稻品牌建设，各地区应做好如下几点。

（1）加强领导，形成合力，营造积极创建名牌的良好氛围

各级政府及相关职能部门要提高认识，加强领导，强化服务，尽心尽职为品牌培育"铺路搭桥"，努力营造"创建名牌，人人有责"的良好社会氛围。

（2）扶持壮大龙头企业，推动农产品品牌发展

要实施农产品品牌战略，就需要有一定规模和实力的企业积极参与，企业的规模和经济实力是创建品牌的前提。当务之急，一要做大做强本土企业，对重点企业和品牌产品给予重点

培育、重点扶持，鼓励知名品牌利用品牌资源进行扩张和延伸，促进规模企业早出名牌、多出名牌；二要外联内合，一方面通过采取贴牌生产方式，加强与国内外一流企业的合作，学习他们在品牌建设上的成功经验，逐步打造自己的品牌，另一方面利用自身产业优势，联合同行业或同产业链企业，抱起团来创名牌。

（3）加强农产品质量管理，建立健全农产品质量体系和质量体系认证制度

食品安全和质量是农产品品牌的生命线。在实施农产品品牌战略过程中，必须大力推行农产品的标准化工作，突出抓好农业质量标准体系、农产品质量监督检测体系和农业标准化技术推广体系建设，做到质量有标准、生产有规程、产品有标志、市场有监测。企业要把质量管理和标志管理贯穿始终，用严格的产品质量培育品牌信誉，以优良产品满足市场的需求。要大力推进农产品商标和地理标志注册，把地理标志和农产品商标列入品牌创建重点，积极申报绿色农产品和实施原产地保护。同时要积极运用商标来保护自己、扩大市场份额，并采取多种形式宣传推介品牌产品和品牌企业，以扩大品牌知名度和影响力。

（4）推进科技创新，提高品牌的市场竞争力

实施农产品品牌战略，必须重视科技创新，走"科技兴农"道路。要广泛运用生物工程技术、现代先进种养技术、加工技术和信息技术等，发展科技含量和附加值高的品牌产品，提高农业综合效益和市场竞争力。

（5）注重品牌整合，加强农产品品牌营销

要充分利用好农博会、招商会、展销会等平台，打造良好的品牌形象，并利用媒体广告、网络营销、专题报道以及公共关系等多种促销手段，进行品牌的整合宣传，提高公众对品牌形象的认知度和美誉度。同时还要重视现代物流新业态，广泛运用现代配送体系、电子商务等方式，开展网上展示和网上洽谈，增强信

息沟通，搞好产需对接，以品牌的有效运作不断提升品牌价值，扩大知名度。

第三节 再生稻与"互联网＋" 行动计划

2015 年，政府工作报告中首次提出"互联网＋"行动计划。报告提出："制定'互联网＋'行动计划，推动移动互联网、云计算、大数据、物联网等与现代制造业结合，促进电子商务、工业互联网和互联网金融健康发展，引导互联网企业拓展国际市场"。"互联网＋"行动计划将重点促进云计算、物联网、大数据为代表的新一代信息技术与现代制造业、生产性服务业、现代农业等的融合创新，发展壮大新兴业态，打造新的产业增长点，为大众创业、万众创新提供环境，为产业智能化提供支撑，增强新的经济发展动力，促进国民经济提质增效。

1. "互联网＋农业"含义

我国农业市场空间大、产业落后、信息不对称较严重，具有大规模分散的用户，作为中国最大实体产业，农业具有巨大的互联网改造空间。互联网＋农业生产、互联网＋农技服务、互联网＋农业监管、互联网＋农村电商，将是未来一段时间"互联网＋农业"发展的主要方向。随着南方稻区土地流转的加速，再生稻生产逐渐呈现规模化，如家庭农场、合作社，甚至是涉农企业。因此，"互联网＋"行动计划在再生稻生产上的具体应用可以体现在如下几点。

（1）互联网＋农业生产

基于固定互联网、移动互联网和物联网应用技术，搭建智慧农业管理平台，通过大量的传感器节点构成监控网络，通过各种传感器采集信息，以帮助农民及时发现问题，并且准确地确定发生问题的位置，最终准确地指导农民的生产。

大田生产通过农业物联网实时收集农田温度、湿度、风力、大气、降水量等数据信息，监视农作物灌溉情况，监测土壤和温度状况的变更，根据农作物生长模型，随时进行预警，为现代农业综合信息监测、环境控制以及智能管理提供科学依据，提高农产品质量和产量。

（2）互联网＋农技服务

① 农业标准化体系。农业标准体系的组成以农业技术标准为主，同时包括农业管理标准和农业工作标准。运用互联网等信息手段宣传引导，提高国内农业标准化意识；通过互联网聚合的力量，完善农业标准的制定和修改工作；采取互联网监管的方式，有效地保证农业标准的实施和示范。

② 农技专家指导。建立农业专家信息系统，通过互联网，大力推广实用技术，引导农民学科学、用科学，培养懂技术、会经营的农村科技明白人，依托农业专家系统促进农业经济发展和农民增收。

③ 农机服务。通过互联网和信息化手段，加强农机管理、科研、生产、农机化新技术、农机具的推广应用、农机销售和作业服务。开展农业机械科技信息工作，促进我国农业发展，加快我国农业机械化、现代化、信息化。

（3）互联网＋农村电商

① 农产品电子交易。整合农业生产者、经营者和消费者，搭建农产品交易电子商务平台，为众多农业企业提供优质的展示和交易网络平台。搭建农业生产者和经营者的桥梁，试行"家庭会员宅配"或者"订单农业"模式，把双方紧密结合起来，保障农产品供销渠道的畅通，增加农民收入。

② 农村商贸物流。打造农产品物流供应链管理；实现加工型公司＋农户物流组织管理；建立农产品物流中心，发挥物流中心的信息中心功能；提高农民的组织化水平，组建如农民合作社、行业协会等区域性民间组织参与农产品物流，形成一个延伸

到县、乡、村的物流网络。签订合同发展订单农业，采取分购联销的管理方式，极大地降低农产品物流成本。

③ 农业金融。基于电子交易平台，在实现网上购物，支付、转账结算的同时，本系统将提供储蓄、兑现、消费贷款等金融服务功能。衍生农业供应链小额信贷服务，为广大农业企业提供资金支持，一定程度上缓解企业生产经营压力，促进农业健康稳定发展。

④ 农业行情分析。利用大数据技术云计算技术，在农产品质量安全工作综合平台和农业电子商务交易平台的各项数据基础上，开展实时动态的农产品质量安全形势分析和舆情监控，开展农产品交易信息，供求动态监测，为各类农业生产经营主体提供准确、及时、系统的市场信息，帮助其调整市场策略，减少风险，做出正确的决策。

2."互联网＋农业"的效果

通过实施互联网＋种植业模式，能够主推我国农业现代化转变，可以体现在如下几点。

（1）农业经营方式上

从千家万户的小生产转变为成为更富有效率和效益的集约化、规模化、标准化大生产。

（2）农业产业组织形式上

从农业产业链割裂、各行其是、互不关联状态转变到农业产业化、一体化组织形态，促进农业产业链的有机整合，提高农业附加值。

（3）农产品生产与市场的关系上

转变到以市场引导生产，以生产保市场供给的生产与调控方式，综合考虑国际国内两个市场，不断提高农产品市场的调控能力。

（4）农业生产手段上

切实转变到依靠科技进步的轨道上来，不断提高科技对农业的贡献率。

（5）农业发展路径上

从高能耗、高投入，以牺牲自然生态环境为代价的农业发展模式转变到低碳农业、生态农业与可持续农业并举的发展模式。

3."互联网＋农业"跨界发展

互联网正在深刻改变着各个行业，尤其是一些像农业这样相对落后的传统产业，借助互联网之力实现产业的跨越式发展和变革成为可能。互联网和具有庞大体系的农业结合，必将出现很多新思路、新玩法，也将有大量非农行业的企业跨界而来。最重要的作用体现在，一是有效地推动农产品品牌化。淘宝出现之后，服装等早期触电品类快速涌现了一大批淘品牌，现在，农产品电商进入快速发展期，褚橙、三只松鼠等品牌借助网络营销的力量，快速完成了传统农产品几年才能完成的口碑积累和宣传推广效果。由于农产品整体的品牌缺位，比其他品类具有更大的品牌打造空间，所以，未来品牌农产品电商将有更广阔的市场空间。同时，由于农产品电商的快速增长、物流成本的高企，目前电商产品还主要集中在中高端产品上，而这类产品有着天然的品牌依赖性，没能完成品牌打造的产品，很难在未来的竞争中获得一席之地。企业在打造品牌过程中，要兼顾农产品的消费习性、文化特色和互联网的个性化、分享性。二是形成农产品交易电商平台。目前，形成成熟盈利模式的电商平台很少，由于农产品的特殊性，很多农产品电商平台在人才、管理、技术上都不成熟，农业企业贸然转型投资，风险较高。对消费者来说，食品安全溯源系统极有吸引力。此外，在传统农业和农产品流通模式下，农业产品主要是通过"经纪人—产地批发商—销地批发商—零售商"等环节进行销售，繁琐的环节使得农产品的流通成本逐级增加。农产品可实现按需制作，能解决食品安全、信息不对称、产销不对称等问题，还能解决流通环节过多的问题，降低成本。

附录一　水稻机插秧育秧技术

水稻机插秧育秧技术关键是采用规范化育秧，它的特点是密度大、省秧田，秧龄短，秧苗成毯状。要求播种均匀，出苗整齐，根系发达，茎叶健壮，清秀无病。

1. 育秧前准备

（1）苗床土准

苗床土选择用菜园土，熟化的旱地土或稻田土，采用机械或半机械手段进行碎土、过筛，腐熟的农家肥，加水稻专用肥。农家肥用量为用土量的 20%～25%，水稻专用肥的用量为用土量的 2%，再拌适量的敌克松，土堆捂成微酸性（pH 5～6）的营养土。每亩大田需备足营养土 100 千克集中堆捂。

（2）种子准备

品种选择：选择通过审定，适合当地种植的优质高产，抗逆性强的品种，如香两优 1 号，一般每亩大田用种 3 千克。

种子处理：种子需经选种，晒种 1 天，药剂浸种 72 小时，清洗撒种。

（3）苗床准备

选择排灌、运秧方便、便于管理的秧田做大棚苗床。按照秧田与大田 1∶20 左右的比例备足秧田。苗床规格宽 14 厘米，秧沟宽约 3 厘米，沟深 1 厘米，四周沟宽 30 厘米以上，深约 25 厘米。苗床板面达到"实、平、光、直"。

2. 播种

为了确保规范化育秧质量，保证播种均匀，出苗整齐，采用人工播种。具体步骤如下：

（1）工艺流程

铺放育秧载体→装盘土→洒水→播种→覆土→化除→盖膜。

（2）确定播种期

根据适宜机插的秧龄，参照当地常规插秧时间倒推适宜播种期（一般秧龄 35～40 天）。

（3）铺放载体育秧载体软盘

根据不同水稻品种，每亩机插大田 20～25 张软盘。

（4）装盘土育秧载体上铺放盘土

土层 2 厘米左右，表面平整，并使床土水分达到饱和状态。

（5）播种规范化育秧需精量播种

根据品种和当地农艺要求，选择适宜的播种量，一般一个软盘播种量以芽种 100 克为宜。要求播种准确、均匀、不重不漏。

（6）覆土播种后要覆土

覆土厚度 0.3～0.5 厘米，以不见谷露出为宜。

3. 覆膜

根据当地气候条件，搭拱棚或覆盖农膜。

4. 秧苗管理

（1）立苗

立苗期保温保湿，快出芽、出齐苗。一般温度控制在 30 ℃，超过 35 ℃时，应通风降温。相对湿度保持在 80% 以上，遇到大雨及时排水，避免苗床积水。

（2）炼苗

一般在秧苗出土 4 厘米，揭膜炼苗。揭膜原则：由部分至全部逐步揭，晴天傍晚揭，阴天上午揭，小雨雨前揭，大雨雨后揭。日平均气温低于 12 ℃时，不宜揭膜。

（3）肥水管理

先湿后干，秧苗三叶期以前，盘土或床土湿润不发白，移栽前控水，促进秧苗盘根老健。根据苗情及时追施断奶肥和送嫁肥，追肥应兑水泼浇，杜绝直接施用干肥料。

（4）病虫害防治

秧苗期根据病虫害发生情况，做好防治工作，同时应经常保持拔出杂株和杂草，保证秧苗纯度。

5. 秧苗标准

适宜机插秧的秧苗应根系发达，苗高适宜，茎部粗壮，叶挺绿色，均匀整齐。参考标准为叶龄 3 叶 1 心，苗高 12 厘米，茎基部宽小于 2 毫米，根数 12～15 条/苗。

附录二 咸宁市水稻一种两收全程机械化栽培技术规程

1. 规程范围

咸宁市水稻一种两收全程机械化栽培技术规程规定了田块要求、培育壮秧、机械插秧、肥水管理、病虫草害综合防治和机械收割等技术规范。

本规程适用于湖北省咸宁市水稻一种两收种植区。

2. 田块要求

2.1 田块前期要求

冬闲田、蔬菜田或其他作物不迟于 4 月 10 日前收获的田块，适宜于水稻一种两收。

2.2 田块条件

田块排灌便利、平整，有利于插秧机和联合收割机在田间的运转与操作。

3. 培育壮秧

3.1 育秧方式

育秧方式可选用双膜拱棚、普通塑料大棚、智能大棚、工厂化集中育秧等方法。

3.2 品种选择

选择的水稻品种适宜于一种两收，全生育期一般在 135 天以内，具有再生力强、米质优良、抗病性强、丰产性好等特性，且通过国家或长江中下游区域以及湖北省的审定，在咸宁市进行过多年再生稻试验、示范的品种。水稻一种两收种子应符合 GB 4404.1—2008 规定的良种级标准。在咸宁市种植的一种两收推荐品种见表 1。

表 1　水稻一种两收全程机械化推荐品种（天）

品种名称	头季稻生育期	再生稻生育期
丰两优香 1 号	126	70
准两优 527	134	68
准两优 608	141	68
广两优 476	135	70
两优 6326	130	72
新两优 223	135	72
深两优 5814	137	75

3.3　种子处理

浸种前晒种 1～2 天，先用种子消毒剂结合温水浸种 12 小时，再用清水洗净浸种，催芽时间以破胸为止。破胸露白时，包衣拌种后速播。

3.4　播种

3.4.1　播种期

播种期安排在 3 月 10～20 日为宜，最迟不超过 3 月底。

3.4.2　用种量

杂交稻每亩用种量 1.5 千克左右，常规稻每亩用种量 3.0 千克左右，每亩播 25～28 个秧盘。

3.5　秧田肥水管理

按照机插育秧技术规程 NY/T 1922—2010 的规定执行。

4. 机械插秧

4.1 移栽期

选择天气晴朗、3 天内平均气温在 12 ℃以上的天气移栽，基本在 4 月中旬左右完成秧苗移栽。

4.2 插秧机

水稻插秧机应符合 GB/T 20864—2007 的要求，作业应符合 NY/T 2192—2012 的要求，选择能够调整移栽株行距的插秧机为宜。

4.3 机插秧规格标准

杂交稻每亩插 1.5 万穴以上，即 3 万苗以上；常规稻每亩插 2.5 万穴以上，即 5 万苗以上。对于漂苗、漏苗的地块，插秧后 3 天及时补苗。

5. 肥水管理

5.1 头季稻施肥

总的施肥原则：稳施氮肥，增施磷、钾肥，补施微肥。一般每亩施纯氮（N）10～12 千克、五氧化二磷（P_2O_5）5～6 千克、氧化钾（K_2O）10～12 千克。根据咸宁市测土配方结果，每亩增施锌肥 0.2 千克、硅肥 4 千克。施肥方法：氮肥 40%作基肥，30%作分蘖肥，30%作穗肥；其他肥料作基肥一次性施入。硅肥有利于防止水稻倒伏和纹枯病的发生，可以在复水后 2 周左右施用，所有肥料的施用应符合 HJ 555—2010 的要求。

5.2 再生稻施肥

头季稻齐穗后 15 天左右施促芽肥，每亩施尿素 7.5～10.0 千克、氯化钾 7.5 千克，保持薄水层施用；提苗肥于头季收割后 3 天内结合灌水施用，每亩施尿素 5～10 千克。

5.3 头季稻水分管理

头季稻应做到浅水分蘖，提早晒田，有水孕穗，花后跑马水养根，保叶，促灌浆；再生稻前期浅水促蘖、中后期干湿交替管水。应提早晒田，当总苗数达预计数80％（即平均每蔸11～12苗）时开始晒田，晒至田坂干硬为止。收割前10天排水落干，以利于机械操作。

5.4　再生稻水分管理

收割后及早复水，再生稻全程保持湿润灌溉。

6. 病虫草害综合防治

头季稻病虫草害防治是重点，再生稻一般病虫草害发生较轻。病虫害防治见表2，草害综合防治见表3，禁止使用的农药见表4，同时农药应符合GB/T 832农药合理使用准则（所有部分）和NY/T 1997—2011的要求。

表 2　水稻一种两收病虫害防治技术

病虫名称	危害部位	防治时期	防治方法（防治面积为标准亩）
立枯病、绵腐病	根部	4～5 月	70％敌克松粉剂 100 克对水 50 千克喷雾
纹枯病	茎秆中下部	6～7 月	25％井冈霉素 25～40 克或 25％丙环唑乳油 15～30 克对水 50 千克喷雾
稻瘟病	叶片与稻穗	5～8 月	20％三环唑可湿性粉剂 75～100 克对水 50 千克喷雾
稻曲病	稻穗	7～8 月	20％井冈霉素 25～50 克对水 50 千克喷雾
稻飞虱	植株中下部	6～8 月	50％吡蚜酮可湿性粉剂 20～30 克对水 50 千克喷雾
稻纵卷叶螟	叶片	6～8 月	48％毒死蜱乳油 80 克对水 50 千克喷雾
螟虫	植株中下部	5～8 月	25％杀虫双水剂 200～250 克对水 50 千克喷雾
稻蓟马	叶片	4～5 月	48％毒死蜱 80 克对水 50 千克喷雾

表3 水稻一种两收草害防治技术

名称	防治时期	防治方法（防治面积为标准亩）
稗草	播后3～5天	20％苄嘧丙草胺可湿性粉剂120克对水50千克喷雾
稗草、鸭舌草	移栽后5～7天	50％杀草丹150毫升对水50千克喷雾
水莎草、牛毛草	移栽后3～7天	60％丁草胺乳油100毫升对水50千克喷雾
眼子菜	移栽后10～15天	25％西草净100克对水50千克喷雾

表4 水稻一种两收禁止使用的农药

农药种类	农药名称	禁用原因
无机砷杀虫剂	砷酸钙、砷酸铅	高毒
有机胂杀菌剂	甲基胂酸锌、甲基胂酸铁铵、福美、甲胂、福美胂	高残留
有机锡杀菌剂	三苯基醋酸锡、三苯基氯化锡、毒菌锡、氯化锡	高残留
有机汞杀菌剂	氯化乙基汞、醋酸苯汞	剧毒、高毒、高残留
有机杂环类	敌枯双	致畸
氟制剂	氟化钙、氟化钠、氟化酸钠、氟乙酰胺、氟铝酸钠	剧毒、高毒、易药害
有机氯杀虫剂	DDT、六六六、林丹、艾氏剂、狄氏剂、五氯酚钠、氯丹	高残留
有机氯杀螨剂	三氯杀螨醇	工业品含有一定数量的滴滴涕
卤代烷类熏蒸杀虫剂	二溴乙烷、二溴氯丙烷	致癌、致畸

（续）

农药种类	农药名称	禁用原因
有机磷杀虫剂	甲拌磷、乙拌磷、久效磷、对硫磷、甲基对硫磷、甲胺磷、氧化乐果、治螟磷、蝇毒磷、水胺硫磷、磷胺、内吸磷、马拉硫磷	高毒
氨基甲酸酯杀虫剂	克百威、涕灭威、灭多威	高毒
二甲基甲脒类杀虫杀螨剂	杀虫脒	慢性毒性致癌
取代苯类杀虫杀菌剂	五氯硝基苯、五氯苯甲醇、苯菌灵	致癌或二次药害

6.1 头季稻病害防治

头季稻病害重点防治稻瘟病、纹枯病。主要在幼穗分化期和破口期进行 2 次药物防治。具体防治方法、防治时期见表 2 和表 3。

6.2 再生稻病害防治

再生稻注意防治纹枯病。具体防治方法、防治时期见表 2。

6.3 头季稻虫害防治

头季稻虫害重点防治稻飞虱和螟虫。具体防治方法、防治时期见表 2。

6.4 再生稻虫害防治

再生稻注意防治螟虫。具体防治方法、防治时期见表 2。

6.5 头季稻草害防治

头季大田草害主要防治药物、防治时期参考表 3。

6.6 再生稻草害防治

再生稻草害关键是收割后 3 天左右灌浅水抑制杂草过快生长，然后除草剂与肥料一同撒施。具体防治药物、防治时期参考表 3。

7. 机械收割

7.1 头季稻收割

7.1.1 收割时间

头季稻九成黄时抢晴天收割，最迟不超过 8 月 25 日。

7.1.2 留桩高度

留桩高度与倒二节腋芽顶端位置持平为宜，一般留桩 30～40 厘米。

7.1.3 收割后盖草处理

头季稻收割后，及时清除收割后的盖草，防止影响再生芽的萌发。

7.2 再生稻收割

再生稻冠层十成黄时收割，以免影响产量。

附录三 稻谷储存品质判定规则
(GB/T 20569—2006)

1. 范围

本标准规定了稻米储存品质的术语和定义、分类、储存品质指标、检验方法及检验规则。

本标准适用于评价在安全储存水分和正常储存条件下稻谷的储存品质，指导稻谷的储存和适时出库。

2. 规范性引用文件

下列文件中的条款通过本标准的引用而成为本标准的条款。凡是注日期的引用文件，其随后所有的修改单（不包括勘误的内容）或修订均不适用于本标准，然而，鼓励根据本标准达成协议的各方研究是否可使用这些文件的最新版本。凡是不注日期的引用文本，其最新版本适用于本标准。

GB/T 5490 粮食、油料及植物油脂检验一般规则

GB/T 5491 粮食、油料检验扦样、分样法

GB/T 5492 粮食、油料检验色泽、气味、口味鉴定法

GB/T 5497 粮食、油料检验水分测定法

GB/T 5507 粮食、油料检验粉类粗细度测定法

3. 术语和定义

下列术语和定义适用于本标准。

3.1 易存 good storage quality
储存品质良好。

3.2 轻度不易存 moderate storage quality

储存品质明显下降。

3.3 重度不易存 poor storage quality

储存品质严重下降。

3.4 色泽 color

稻谷制成标准一等精度大米后，在规定条件下大米的综合颜色和光泽。

3.5 气味 odor

稻谷制成标准一等精度大米后，在规定条件下大米的综合气味。

3.6 脂肪酸值 fatty acid value

中和 100 克干物质试样中游离脂肪酸所消耗的氢氧化钾毫克数。

3.7 蒸煮品评 cooking quality evaluation

稻谷制成标准一等精度大米，在规定条件下蒸煮成米饭后，对其色泽、气味、外观结构、滋味等进行品评的试验，结果用品尝评分值表示。

3.8 品尝评分值 tasting assessment value

米饭品评试验所得的色泽、气味、外观结构、滋味等各项评分值的总和。

4. 储存品质分类

按储存品质的优劣讲稻谷分为易存、轻度不易存和重度不易存三类。

5. 储存品质指标

稻谷储存品质指标见表1。

表 1 稻谷储存品质指标

项 目	籼稻谷			粳稻谷		
	易存	轻度不易存	重度不易存	易存	轻度不易存	重度不易存
色泽、气味	正常	正常	基本正常	正常	正常	基本正常
脂肪酸值（KOH/干基）/（毫克/100克）	≤30.0	≤37.0	＞37.0	≤25.0	≤35.0	＞35.0
品尝评分值/分	≥70	≥60	＜60	≥70	≥60	＜60

注：其他类型稻谷的类型归属，由省、自治区、直辖市粮食行政管理部分固定，其中省间贸易的按原产地规定执行。

6. 检验方法

6.1 色泽、气味评定
按第 B.4 章执行。

6.2 脂肪酸值检验
按附录 A 执行。

6.3 品尝评分值检验
按附录 B 执行。

7. 检验规则

7.1 一般规则
按 GB/T 5490 执行。

7.2 抽样、分样
按 GB 5491 执行。

7.3 储存品质检验

7.3.1 入库前

应逐批次抽取样品进行检验，并出具检验报告，作为入库的技术依据；入仓时，应随机抽取样品进行检验，并出具检验报告，取平均值作为该仓（垛、囤、货位）建立质量档案的原始技术依据。

7.3.2 储存中

应定期、逐仓（垛、囤、货位）取样进行检验，并出具检验报告，作为质量档案记录和出库的技术依据。

8. 判定规则

8.1 易存

色泽、气味、脂肪酸值、品尝评分值指标均符合表1"易存"规定的，判定为易存稻谷，适宜继续储存。

8.2 轻度不易存

色泽、气味、脂肪酸值、品尝评分值指标均符合表1"轻度不易存"规定的，判定为轻度不易存稻谷，应尽快安排出库。

8.3 重度不易存

色泽、气味、脂肪酸值、品尝评分值指标中，有一项符合表1"重度不易存"规定的，判定为重度不易存稻谷，应立即安排出库。因色泽、气味判定为重度不易存的，还应报告脂肪酸值、品尝评分值检验结果。

GB/T 20569—2006 附件 A（规范性附录）——稻谷脂肪酸值测定方法

A.1 原理

在室温下用无水乙醇提取稻谷中的脂肪酸，用氢氧化钾标准溶液滴定，计算脂肪酸值。

A.2 试剂

除非另有规定，仅使用分析纯试剂。

A.2.1 无水乙醇

A.2.2 酚酞指示剂 称取1.0克酚酞溶于100毫升体积分数为95%的乙醇中。

A.2.3 不含二氧化碳的蒸馏水 将蒸馏水煮沸10分钟左

右，加盖冷却。

A.2.4　氢氧化钾标准滴定液

A.2.4.1　浓度为 0.5 摩尔/升的氢氧化钾标准储备液的配制：称取 28 克氢氧化钾置于聚乙烯塑料瓶中，先加入少量（约 20 毫升）不含二氧化碳的蒸馏水溶解，再用体积分数为 95% 的乙醇稀释至 1 000 毫升，密闭放置 24 小时。吸取上层清液至另一聚乙烯塑料瓶中保存。

A.2.4.2　氢氧化钾标准储备液的标定：称取在 105 ℃条件下烘 2 小时并在干燥器中冷却后的基准邻苯二甲酸氢钾 2.04 克，精确到 0.000 1 克，置于 150 毫升锥形瓶中，加入 50 毫升不含二氧化碳的蒸馏水溶解，滴加酚酞指示剂（A.2.2）3～5 滴，用配制的氢氧化钾标准储备液滴定至微红色，以 30 秒不褪色为终点，记下所耗氢氧化钾标准储备液的毫升数（V_1），同时做空白试验，记下所耗氢氧化钾标准储备液毫升数（V_0），按式（A.1）计算氢氧化钾标准储备液浓度。

$$C(KOH) = \frac{1\,000 \times m}{(V_1 - V_0) \times 204.22} \qquad (A.1)$$

式中：C(KOH)——氢氧化钾标准储备液浓度，单位为摩尔/升（mol/L）；

　　1 000——换算系数；

　　　m——称取基准邻苯二甲酸氢钾的质量，单位为克（g）；

　　V_1——滴定邻苯二甲酸氢钾所耗氢氧化钾标准储备液体积，单位为毫升（mL）；

　　V_0——滴定空白溶液所耗邻苯二甲酸氢钾标准储备液体积，单位为毫升（mL）；

204.22——邻苯二甲酸氢钾的摩尔质量，单位为克/摩尔（g/mol）。

注：氢氧化钾标准储备液必要时应重新标定。氢氧化钾标准

储备液在常温（15～25 ℃）下保存时间一般不超过 2 个月。当溶液出现浑浊、沉淀、颜色变化等现象时，应重新制备。

A.2.4.3　氢氧化钾标准滴定溶液的配制：准确移取 20.0 毫升已经标定好的氢氧化钾标准储备液于 1 000 毫升容量瓶中，用体积分数为 95％的乙醇稀释定容至 1 000 毫升，存放于聚乙烯塑料瓶中。临用前稀释配制。

注：稀释用乙醇应事先调整为中性。具体方法为：量取 20 毫升体积分数为 95％的乙醇，滴加酚酞指示剂（A.2.2）3～5 滴，用氢氧化钾标准滴定液（A.2.4）滴定至微红色，以 30 秒不褪色为终点，记下所耗氢氧化钾标准滴定溶液的毫升数（V_a）；量取 1 000 毫升体积分数为 95％的乙醇，准确加入 V_b（$V_b = 50 \times V_a$）氢氧化钾标准滴定溶液混合均匀即可。

A.3　仪器与设备

A.3.1　具塞磨口锥形瓶：250 毫升。

A.3.2　移液管：50.0 毫升，25.0 毫升。

A.3.3　微量滴定管：5 毫升，最小刻度为 0.02 毫升。

A.3.4　天平：感量为 0.01 克。

A.3.5　振荡器：往返式，振荡频率为 100 次/分钟。

A.3.6　实验砻谷机。

A.3.7　粉碎机：锤式旋风磨，具有风门可调和自清理功能，以避免样品残留和出样管堵塞。在粉碎样品时，应避免磨膛发热。

A.3.8　电动粉筛：按 GB/T 5507 要求。

A.3.9　短颈玻璃漏斗。

A.3.10　中速定性滤纸。

A.3.11　锥形瓶：150 毫升。

A.4　分析步骤

A.4.1　试样制备　取混合均匀样品，用实验砻谷机脱壳。取混合均匀的糙米约 80 克，用锤式旋风磨粉碎，粉碎后的样品一次通过 CQ16（相当于 40 目）筛的应达 95％以上。粉碎样品

（筛上、筛下全部筛分范围的样品）经充分混合后装入磨口瓶中备用。

注1：按GB/T 5507检验样品粉碎细度，粉碎样品只能使用锤式旋风磨。一次粉碎达不到细度要求，该锤式旋风磨不能使用。

注2：粉碎样品时，应按照设备说明书要求，合理调节风门大小，并控制进样量，防止和减少出料管留存样品。为避免出料管堵塞，减少磨膛发热，引起样品中脂肪酸值的变化，每粉碎10个样品应将出料管拆下清理。

注3：制备好的样品应尽快完成测定，全部过程不得超过24小时。样品如需较长时间存放，应存放在冰箱中。

A.4.2　试样处理　称取制备好的试样约10克，精确到0.01克，于250毫升具塞磨口锥形瓶中，并用移液管加入50.0毫升污水乙醇（A.2.1），置往返式振荡器上振摇10分钟，振荡频率为100次/分钟。静置1～2分钟，在玻璃漏斗中放入折叠式滤纸过滤。弃去最初几滴滤液，收集滤液25毫升以上。

A.4.3　测定　用移液管移取25.0毫升滤液于150毫升锥形瓶中，加50毫升不含二氧化碳的蒸馏水，滴加3～4滴酚酞指示剂（A.2.2）后，用氢氧化钾标准滴定溶液（A.2.4）滴定至呈微红色，30秒不消褪为止。记下耗用的氢氧化钾标准滴定溶液体积（V_1）。

注：样品提取后应及时滴定；滴定应在散射日光或日光灯下对着光源方向进行；滴定终点不易判定时，可用一个已加入提取液、去二氧化碳蒸馏水尚未滴定的锥形瓶作参照，当被滴定液颜色与参照相比有色差时，即可视为已到滴定终点。

A.4.4　空白试验　用移液管移取25.0毫升无水乙醇于150毫升锥形瓶中，加50毫升不含二氧化碳的蒸馏水，滴加3～4滴酚酞指示剂（A.2.2）后，用氢氧化钾标准滴定溶液（A.2.4）滴定至呈微红色，30秒不消褪为止。记下耗用的氢氧化钾标准滴定溶液体积（V_0）。

注：提取、滴定过程的环境温度应控制在 15～25 ℃。

A.5 结果的计算和表示

A.5.1 结果计算 脂肪酸值（S）以中和 100 克干物质试样中游离脂肪酸所需氢氧化钾毫克数表示，单位为毫克每 100 克，按式（A.2）计算：

$$S=(V_1-V_0)\times c\times 56.1\times\frac{50}{25}\times\frac{100}{m\ (100-w)}\times 100 \quad (A.2)$$

式中：V_1——滴定试样液所耗氢氧化钾标准滴定溶液体积，单位为毫升（mL）；

V_0——滴定空白液所耗氢氧化钾标准滴定溶液体积，单位为毫升（mL）；

c——氢氧化钾标准滴定溶液的浓度，单位为摩尔/升（mol/L）；

50——试样提取用无水乙醇的体积，单位为毫升（mL）；

25——用于滴定的试样提取液的体积，单位为毫升（mL）；

100——换算为 100 克干试样的质量，单位为克（g）；

m——试样的质量，单位为克（g）；

w——试样水分质量分数，即每 100 克试样中含水分的质量，单位为克（g）。

注：用测定脂肪酸值的同一粉碎样品，按 GB/T 5497 中 105 ℃恒重法测定样品水分含量，计算脂肪酸值干基结果。此水分含量结果不得作为样品水分含量结果报告。

A.5.2 结果表示 每份试样取两个平行样进行测定，两个测定结果之差的绝对值符合重复性要求时，以其平均值为测定结果；不符合重复性要求时，应再取两个平行样进行测定。若 4 个结果的极差不大于 $n=4$ 的重复性临界极差 ［CrR95（4）］，则取 4 个结果的平均值作为最终测试结果；若 4 个结果的极差大于 $n=4$ 的重复性临界极差 ［CrR95（4）］，则取 4 个结果的中位数作为最终测试结果，计算结果保留三位有效数字。

A. 6 重复性

同一分析者对同一试样同时进行两次测定，脂肪酸值结果的差值应不超过 2 毫克/100 克。

GB/T 20569—2006 附录 B（规范性附录）——稻谷品评试验方法

B. 1 原理

稻谷经砻谷、碾白，制备成标准一等精度大米，分别评定其色泽、气味；再分取一定量的大米，在一定条件下蒸煮成米饭，用感官品评米饭的色泽、气味、外观结构、滋味等，结果以品评评分值表示。

B. 2 仪器与设备

B. 2. 1 实验用砻谷机。

B. 2. 2 实验用碾米机。

B. 2. 3 蒸锅：直径为 26～28 厘米的单屉（或不锈钢）锅。

B. 2. 4 饭盒：容量为 60 毫升以上的带盖铝（或不锈钢）盒，也可用盛放 2 毫升注射器的铝（或不锈钢）盒。

B. 2. 5 量筒：15 毫升

B. 2. 6 天平：感量 0.01 克。

B. 2. 7 电炉：220 伏，2 千瓦，或相同功率的电磁炉。

B. 2. 8 白色瓷盘：32 厘米×22 厘米。

B. 3 试样制备

取混匀后的净稻谷样品 500 克，用实验砻谷机脱壳制成糙米，取适量糙米（即实验碾米机的最佳碾磨质量）用实验碾米机制成标准一等精度大米（对照标准样品）。

B. 4 色泽、气味评定

取制备好的标准一等精度大米样品，在符合品评试验条件的实验室内，对试样整体色泽、气味进行感官检验。检验方法按GB/T 5492 执行。

色泽用正常、基本正常或明显黄色、暗灰色、褐色或其他人类不能接受的非正常色泽描述。具有大米固有的颜色和光泽的试样评定为正常；颜色轻微变黄和（或）光泽轻微变灰暗的试样评定为基本正常。

气味用正常、基本正常或明显酸味、哈味或其他人类不能接受的非正常气味描述。具有大米固有的气味的试样评定为正常；有陈米味和（或）糠粉味的试样评定为基本正常。

对品评人员、品评实验室的要求与蒸煮品评试验要求相同，必要时可用参考样品（B.5.6）校对品评人员的评定尺度。

B.5 蒸煮品评

B.5.1 样品编号 为了客观反映样品蒸煮品质，减少感官品评误差，试样与制备米饭的盒号应随机编排，避免规律性编号和（或）提示性编号。

B.5.2 米饭的制备

B.5.2.1 称样：称取 10 克已制备好的大米试样于饭盒中，参加品评人员每人一盒。

B.5.2.2 洗米：用约 30 毫升水搅拌

B.5.2.3 加水：籼米加入蒸馏水 15 毫升，粳米加入蒸馏水 12 毫升，糯米加入蒸馏水 10 毫升。将加好水的饭盒盖严备用。

B.5.2.4 蒸煮：蒸锅内加入适量水，用电炉（或电磁炉）加热至沸腾，取下锅盖，将加好水的饭盒均匀地放于蒸屉上，盖上锅盖，继续加热并开始计时，蒸煮 40 分钟，停止加热，焖 10 分钟。

B.5.2.5 品评：将米饭盒从蒸锅内取出放在瓷盘上（每人一盘），趁热品尝。

B.5.3 品评的基本要求

B.5.3.1 品评人员 米饭品评是依靠人的感觉器官，对米饭的色、香、味进行品尝，以评定米饭品质的优劣，因此要求品评人员具有较敏锐的感觉器官和鉴定能力，在开始进行品尝评定之前，应通过鉴别试验来挑选感官灵敏度较高的人员。品评人员应由不同性别、不同年龄档次的人员组成。按标准规定蒸制 4 份米饭，其中有 2 份米饭是同一试样蒸制成的，同时按标准规定进行品评，要求品评人员鉴别找出相同的 2 份米饭来，记录见表 B.1。鉴别试验应重复两次，结果登记于表 B.2。对者打"√"，错者打"×"，若果两次都错的人员，则表明其品评鉴别灵敏度太低，应予淘汰。

表 B.1 品评结果登记表

品评人：　　　　　　　　　　　　　　　　日期：

试样号	鉴别结果
1	
2	
3	
4	

注：在相同 2 份米饭的编号后打"√"。

表 B.2 品评人员成绩登记表

品评人员编号	鉴别试验结果		成绩
	1	2	
P1			
P2			
P3			
P4			
P5			
P6			

品评组一般由 5～10 人组成，品评人员在品评前 1 小时内不吸烟、不吃东西但可以喝水；品评期间具有正常的生理状态，不能饥饿或过饱；品评人员在品评期间不适用化妆品或其他有明显气味的用品。

B.5.3.2 品评实验室 品评试验应在专用实验室进行。实验室应由样品制备室和品评室组成，两者应独立。品评室应充分换气，避免有异味或残留气味的干扰，室温 20～25 ℃，无强噪声，有足够的光线强度，室内色彩柔和，避免强对比色彩。品评人员每人一座，应相互隔离。

B.5.3.3 品评试验 品评试验应在饭前 1 小时或饭后 2 小时进行，品评前品评人员应用温开水漱口，把口中残留物去净。品评试样应一人一盒，每次品评不宜超过 8 份样品。品评时应保持室内和环境安静，无干扰。评分时不能讨论，以免相互影响，主持人不应向品评人员说明与试样质量有关的情况。

B.5.4 样品品评

B.5.4.1 品评内容 米饭的色、香、味、外观性状及滋味等，其中以气味、滋味为主。按表 B.3 做品尝评分记录。

表 B.3 蒸煮品尝评分记录表

时间：　　　　　　　　　　　　　　　　　　品评员：

项目	评分标准	样号							
		1	2	3	4	5	6	7	8
米饭气味（35 分）	清香等正常米饭味：25～35 分								
	轻微陈米味、酸味等：21～24 分								
	明显酸味、哈味等：1～20 分								
	严重酸味、哈味等：0 分								

（续）

项目	评分标准	样号							
		1	2	3	4	5	6	7	8
米饭滋味（35分）	香甜等正常米饭滋味：25～35分								
	轻微酸味、苦味等不正常滋味：21～24分								
	明显酸味、苦涩味等：1～20分								
	严重酸味、哈味、苦涩味等：0分								
米饭色泽（25分）	色泽、光泽正常：21～25分								
	发暗、发灰，无光泽等：16～20分								
	黄、暗黄色等：0～15分								
饭粒外观结构（5分）	正常，紧密：3～5分								
	不正常，松散：0～2分								
尝试评分									
备注									

B.5.4.2 品评顺序 趁热打开饭盒盖，先品评米饭气味，然后观察米饭色泽和外观结构，咀嚼品评滋味。

B.5.4.3 评分 根据米饭的气味、滋味、色泽、米粒外观结构，对照参考样品（B.5.6）进行评分，将各项得分价位品尝评分。

B.5.5 结果计算 根据每个品评人员的品尝评分结果计算平均值，个别品评误差超过平均值10分以上的数据应舍弃，舍弃后重新计算平均值。最后以品尝评分的平均值作为稻谷蒸煮品尝评分值，计算结果取整数。

B.5.6 参考样品的选择和保存 选择脂肪酸值在37毫克/100克和30毫克/100克左右的籼稻样品，脂肪酸值在35毫克/

100 克和 25 毫克/100 克左右的粳稻样品，每种样品选 3～5 份，经品评人员 2～3 次品尝，选出品尝评分值在 60 分和 70 分左右的样品各一份，作为每次品评的参考样品。参考样品应密封保存在 10 ℃左右的冰箱中。

附录四　稻谷干燥技术规范
(GB/T 21015—2007)

1. 范围

本标准规定了稻谷干燥基本要求、干燥技术要求、安全技术要求、干燥成品质量及检验。

本标准适用于批式循环粮食干燥机和连续式粮食干燥机（主要机型为顺流干燥机、横流干燥机、混流干燥机）干燥加工大米用稻谷。

2. 规范性引用文件

下列文件中的条款通过本标准的引用而成为本标准的条款。凡是注日期的引用文件，其随后所有的修改单（不包括勘误表内容）或修订版均不适用于本标准。然而，鼓励根据本标准达成协议的各方，研究是否可使用这些文件的最新版本。凡是不注日期的引用文件，其最新版本适用于本部分。

GB 1350　稻谷

GB/T 6970　粮食干燥机试验方法

GB/T 16714　连续式粮食干燥机

GB/T 17891　优质稻谷

JB/T 10268　批式循环谷物干燥机

LS/T 3501.1　粮油加工机械通用技术条件基本技术要求

3. 基本要求

3.1　原粮稻谷

3.1.1　稻谷水分 16%～25%，不同水分稻谷应分别储存，分别进行干燥，同一批干燥的稻谷水分不均匀度不大于 2%。

3.1.2 干燥前需进行除芒（长芒稻谷）、清洗、带芒率不大于 15%，含杂率不大于 2%，不得有长茎秆、麻袋绳、聚乙烯膜等异物。

3.1.3 其他质量指标应符合 GB 1350 或 GB/T 17891 规定。

3.2 干燥机

3.2.1 干燥机应是符合 GB/T 16714 或 JB/T 10268 规定的合格产品。配套设备应符合 LS/T 3501.1 规定。

3.2.2 干燥机及配套设备（提升机、输送机、烘前仓、缓苏仓、烘后仓等）经调试运行，应能正常投入使用。

3.3 人员

3.3.1 干燥作业现场、控制室、热风炉房、化验室等岗位应配备固定人员。

3.3.2 操作人员及管理人员应通过专业培训，熟练掌握稻谷干燥技术规范及操作规范。

4. 干燥技术要求

4.1 干燥条件

稻谷允许受热温度、一次降水幅度及干燥速率见表1。

表1 干燥条件

项　　目	限定值
允许受热温度/℃	≤40
一次降水幅度/%	≤3
干燥速率/（%/h）	≤0.8

4.2 干燥工艺

4.2.1 稻谷一般干燥工艺：预热—干燥—缓苏—冷却。

4.2.2 批式循环干燥机采用 4.2.1 规定工艺，干燥—缓苏应多次循环，可降到安全水分或规定水分。

4.2.3 顺流干燥机干燥工艺：

——稻谷平均每级降水幅度小于或等于 1.0%，应采用 4.2.1 规定工艺；

——稻谷平均每级降水幅度大于 1.0%，应采用二次或多次干燥。

注：平均每级降水幅度等于稻谷降水幅度除以顺流干燥机级数。

4.2.4 横流干燥机、混流干燥机干燥工艺：

——稻谷降水幅度小于或等于 3%，应采用干燥—冷却工艺；

——稻谷降水幅度大于 3%，应采用二次或多次干燥工艺，机外缓苏，最后一次干燥结束进行冷却。

4.2.5 环境温度小于或等于 0 ℃，批式循环干燥机第一次循环干燥宜采用 20 ℃～25 ℃热风进行预热。可预热的连续式干燥机宜采用 20 ℃～25 ℃热风预热 0.5 小时。

4.3 干燥工艺参数

4.3.1 干燥稻谷热风温度推荐值见表 2。

表 2　热风温度推荐值

机　型	热风温度/℃
批式循环干燥机	45～50
顺流干燥机	65～75
横流干燥机	40～50
混流干燥机	45～55

注：环境温度≤10 ℃，稻谷水分＞20%，宜使用下限温度。

4.3.2 冷却风和出机粮温见表 3。

表 3　冷却风温和出机粮温

项　　目	环境温度/℃	
	>0	≤0
冷却风温	环境空气温度	环境空气温度
出机粮温/℃	≤环境温度+5	≤8

注：环境温度≤0 ℃，宜在缓苏仓或烘后仓储存 24 小时，再冷却。

5. 安全技术要求

5.1　干燥机运行时，操作人员应远离或减少介入安全标志所警示的危险区和危险部位；严禁拆装安全保护装置及安全装置，严禁打开干燥机检修门；烘前仓、缓苏仓、烘后仓及干燥机储粮段不得进人。

5.2　高空处理故障应配备安全带及安全帽。

5.3　电气控制室应设专职人员操作管理，严格执行电气安全操作规程。

5.4　干燥机应按使用说明书要求定期停机，排空全部稻谷，清理机内及溜管内粉尘、茎秆等全部残存物。

5.5　热风炉提高输出热风温度不得超过额定输出热量时热风温度的 15%，运行时间不得超过 2 小时。

5.6　发现热风管道内有火花，应立即关闭热风机，检查并消除火花来源。

5.7　发现干燥机排气中有烟或有烧焦的气味，应立刻采取如下措施：

——干燥机实施紧急停机，关闭所有风机及进风匝门；

——打开紧急排粮机构，排出机内稻谷及燃烧物；

——清理机内燃烧物残余，分析事故原因，消除隐患后方可开机。

6. 干燥成品质量及检验

6.1　干燥成品质量指标应符合表 4 规定。

表 4　干燥成品质量指标

项　　目		指标值
水分		安全水分或规定水分
干燥不均匀度/%	降水幅度≤5%	≤1.0
	降水幅度>5%	≤1.5
发芽（生活力）率/%		≥90
色泽、气味		正常
破碎率增加值/%		≤0.3
重度裂纹率增加值/%	降水幅度≤5%	≤3
	降水幅度>5%	≤4
苯并（a）芘增加值/(μg/kg)		≤5

注1：发芽（生活力）率不低于干燥前稻谷发芽率的 90%。

注2：使用直接加热干燥机，应检验苯并（a）芘增加值。

6.2　干燥成品质量指标检验按 GB/T 6970 规定执行。

附录五　优质化肥选购与施用技术

1. 化肥种类

（1）氮肥

以氮素营养元素为主要成分的化肥，常用的有尿素（含 N 46%）、硫酸铵（又称硫铵，含 N 20.5%～21%）、氯化铵（含 N 25%）和碳酸氢铵（碳铵，含 N 17%）等。

（2）磷肥

以磷素营养元素为主要成分的化肥，常用的有过磷酸钙（普钙，含 P_2O_5 16%～18%）、重过磷酸钙（重钙，含 P_2O_5 40%～50%）、钙镁磷肥（含 P_2O_5 16%～20%）、钢渣磷肥（含 P_2O_5 15%）和磷矿粉（含 P_2O_5 10%～35%）等。

（3）钾肥

以钾素营养元素为主要成分的化肥，目前施用不多，主要品种有氯化钾（含 K_2O 50%～60%）、硫酸钾（含 K_2O 50%～54%）、硝酸钾（含 K_2O 46%）等。

（4）复合肥料

经化学合成而得，含有两种以上的常量养分，常用品种有磷酸二铵（含 N 18%，含 P_2O_5 46%）、磷酸二氢钾（含 P_2O_5 52%，含 K_2O 34%）等。

（5）复混肥料

由两种以上化肥或化肥与有机肥经粉碎造料等物理过程混合而成，含有两种以上常量养分，品种繁多。氮、磷、钾三元复混肥按总养分含量分为高浓度（总养分含量≥40.0%）、中浓度

（总养分含量≥30.0%）、低浓度（总养分含量≥25.0%）三档。

（6）参混肥料，又称 BB 肥

由两种以上化肥不经任何粉碎造料等加工过程直接干混而成，含有两种以上常量养分，氮、磷、钾三元复混肥有总养分含量不低于 35.0%。

（7）微量元素肥料

含有植物营养必需的微量元素如锌、硼、铜、锰、钼、铁等，可以是只含有一种微量元素的单纯化合物，也可以是含有多种微量和大量营养元素的复混肥料或掺混肥料。

2. 化肥选购注意事项

（1）六看

一看化肥经营者的经营资格，是否有经营化肥的营业执照。尽量选择手续合法、有规模和有信誉的商店或企业厂家购买。一般营业执照都张贴在经营地点。

二看肥料产品合格证，肥料检验单。无论是进口化肥还是国产化肥都要查看化肥的检验报告，最好是有本地或者省内质量技术监督部门出具的检验报告的肥料。

三看肥料标识，分清肥料类别和性质。了解肥料的养分含量、用途、用法、注意事项。国家标准 GB 18382—2001（肥料标识内容要求）规定，肥料必须标明总养分（仅指 $N+P_2O_5+K_2O$）的含量，不得将中、微量元素或有机质加到总养分中。但仍有个别企业将中、微量元素或有机质加入到总养分中，蒙蔽消费者。对这种情况，要留意。

四看肥料品种是否办理了有关手续。例如，叶面肥、微生物肥要办理农业部肥料登记证；复混肥料、有机肥料等要办理省级肥料登记证，看是否是临时登记许可、登记证是否到期等。复混肥料还要具有生产许可证。

五看包装。化肥外包装为编织袋，内包装为塑料袋，包装袋为机器缝合，缝口应整齐一致。国家规定包装袋上应标示商标、肥料名称、生产厂家、厂址、肥料成分（注明氮、磷、钾含量及加入微量元素含量）、等级、产品净重及标准代号、生产许可证号码等标志，如果上述标志没有或不完整，可能是假化肥或劣质化肥。认清肥料包装袋上的含量比例，比如 15 - 15 - 15 这样的表示就是含氮、磷、钾各占 15%。

六看外观。化肥颗粒均匀、光泽好、颜色鲜艳为优，颗粒不匀、灰暗无光为劣。

（2）三验

一验手搓。手心放肥，相对拧搓两遍，搓不破为优，搓破为劣，化肥越硬越好。

二验水溶。取少量氮肥或钾肥放入水中搅拌 5 分钟，能完全溶解为优，不能完全溶解为劣。磷酸二铵用水能溶解，但溶解时间较长。

三验火烧。优质氮肥、磷肥可以用火烧，熔化时间越长，剩余杂质越少越好；熔化时间短，剩余杂质多为差。尿素用火能烧化，温度高时冒白烟。磷酸二铵用火能烧化，熔化的时间越长越好。复合肥用火也能烧化，熔化的时间越长越好。磷肥和复合肥如果火烧不化，质量比较差。钾肥有白色、红色、粉红色，红色钾肥一般为进口钾肥，质量最好。

（3）五不要

一不要贪图小便宜。购买肥料时一定要看好质量，如果购买假劣肥料，就会导致不必要的损失，影响一年的耕种和收成。目前，磷肥、复混肥质量相对较差一些，购买时要多注意。可以多走几户商家，做到货比货，以便买到优质产品。

二不要看"大"不看"小"。有些产品为炫耀卖点在包装上用名牌大字标出，而为应付监督部门检查，将实质内容用小字标出。如用大字在显著位置标出"俄罗斯"，用小字标出"采用""原料"等，使人误认为进口产品；还有的在显著位置标出"硫酸钾型"，在不显眼处标出"含氯"，以达到扰乱视听的目的。

三不要被新概念迷惑。有些产品打着高科技的幌子。在包装上大做文章，标以"生物""活化""绿色"等高科技名称，实际是一般产品，要认准品牌，尤其是大企业大品牌。

四不要自认"倒霉"。发现购买到假化肥或使用中出现肥害等现象，应向当地农业主管部门、技术监督部门、工商部门和消费者协会等及时反映举报。

五不要忘记索取购销凭证。购买肥料的时候，不要忘记索取发票和信誉卡、出货单之类的购销凭证，并要注意保留好购销凭证、肥料样品和包装袋，为发生纠纷时能够提供有力的维权依据。

3. 我国农田化肥施用的实用原则

（1）有机肥和化肥相结合施用。

（2）大量元素、中量元素和微量元素养分相配合施用。

（3）配方施肥，根据测土养分含量和作物需求特性来制定施肥量。

（4）缺啥补啥，施用要有针对性。

4. 我国农田化肥施用方法

（1）传统施肥方法

把肥料施入土壤，补给作物最缺的养分，通常是土壤缺什么养分就施什么肥料。一般根据施用时期的不同分为基肥、种肥和追肥，具体如表1所示。

表1　施肥方法及其相应的施肥方式

施肥方法	施肥时间	目的作用	肥料情况	有效施法
基肥	播种或定植前	培肥改良土壤和供给作物养分	大量，占总量的2/3，同时应重视有机肥配合施用	结合深耕施用；条施或穴施，多种肥料混合施用

（续）

施肥方法	施肥时间	目的作用	肥料情况	有效施法
种肥	播种或定植前	供给幼苗养分和改善苗床性状	少量，根据需要增加腐熟有机肥、速效性化肥和菌肥	拌种；蘸秧根；浸种；盖种；条施或穴施
追肥	生长发育期	及时补充养分	适量，以速效性化肥和腐熟有机肥为主	深施覆土；撒施结合灌水；随水浇施或根外追肥

（2）现代施肥方法

喷施多元微肥、喷施多功能叶面肥、灌溉施肥（喷灌、滴灌）和二氧化碳（气态）施肥等。

主 要 参 考 文 献

陈鸿飞，杨东，梁义元，等，2010. 头季稻氮肥运筹对再生稻干物质积累、产量及氮素利用率的影响 [J]. 中国生态农业学报，18 (1)：50-56.

陈志生，1989. 杂交再生稻的生物学特性及栽培技术 [J]. 南方农业学报 (4)：11-13.

何水清，陈向阳，李建华，2014. 准两优608 在浙江常山作"一季＋再生"栽培表现及高产栽培技术 [J]. 杂交水稻，29 (1)：52-53.

何水清，徐献锋，占卫星，2016. 常山县 11 个再生稻品种比较试验 [J]. 浙江农业科学，57 (6)：823-825.

何水清，周明火，党洪阳，2014. 准两优608 "一季＋再生"的头季稻留桩高度研究 [J]. 杂交水稻，29 (5)：47-48.

何水清，朱德峰，张玉屏，2016. 再生稻生产技术 [M]. 北京：中国农业出版社.

黄新杰，屠乃美，李艳芳，等，2012. 杂交稻不同节位再生稻的产量形成及其与头季稻的关系 [J]. 湖南农业大学学报（自然科学版），38 (5)：470-475.

江世华，熊洪，方文，等，1995. 四川省再生稻高产综合栽培技术研究 [J]. 西南大学学报（自然科学版）(3)：189-192.

李成芳，胡红青，曹凑贵，等，2017. 中国再生稻田土壤培肥途径的研究与实践 [J]. 湖北农业科学，56 (14)：2666-2669.

李经勇，任天举，唐永群，1997. 赤霉素、植物细胞分裂素对再生稻的增产效应 [J]. 西南农业学报 (2)：26-31.

李昆，傅新红，2004. 重释农业合作社存在与发展的内在动因 [J]. 农村经济 (1)：16-18.

彭少兵，2016. 转型时期杂交水稻的困境与出路 [J]. 作物学报 (3)：313-319.

任天举，蒋志成，王培华，等，2006. 杂交中稻再生力与头季稻农艺性状的相关性研究 [J]. 作物学报，32 (4)：613-617.

施南芳，吾建祥，王祥根，2002. 不同催芽肥对再生稻产量的影响 [J]. 湖北农业科学 (3)：16-17.

苏祖芳，张洪程，侯康平，等，1990. 再生稻的生育特性及高产栽培技术研究 [J]. 扬州大学学报（农业与生命科学版），11 (1)：15-21.

唐祖荫，张征兰，1991. 再生稻几个生态生理问题的研究 [J]. 湖北农业科学 (5)：1-5.

万定海，易镇邪，屠乃美，2011. 再生稻根系研究进展与展望 [J]. 作物研究，25 (4)：392-395.

王后宜，吕富周，1994. 激素复合肥在水稻上的应用技术 [J]. 福建农业科技 (6)：129-130.

谢东升，2016. "互联网＋"现代农业的创新发展机制研究 [D]. 贵州：贵州大学.

熊洪，方文，1994. 再生稻腋芽萌发与产量形成的生态研究 [J]. 生态学报，14 (2)：161-167.

熊洪，冉茂林，徐富贤，等，2000. 南方稻区再生研究进展及发展 [J]. 作物学报，26 (3)：1-5.

徐富贤，洪松，1993. 杂交中稻各叶位叶片对头季稻及再生稻产量形成作用的研究 [J]. 作物研究 (2)：22-26.

徐富贤，熊洪，朱永川，等，2010. 促芽肥施用时期对不同源库类型杂交中稻再生力的影响 [J]. 杂交水稻，25 (3)：57-63.

袁继超，孙晓辉，1996. 留桩节位与母叶对再生稻生长发育的影响 [J]. 四川农业大学学报 (4)：523-528.

钟文彬，2015. 未来农业发展大方向预测 [J]. 村委主任 (1)：54-55.